▶施工工艺流程和关键节点全图解，助力精准落地

图解 庭院造景施工

张浩然 著

江苏凤凰科学技术出版社 · 南京

图书在版编目（CIP）数据

图解庭院造景施工 / 张浩然著 . -- 南京 ：江苏凤凰科学技术出版社，2025. 8. -- ISBN 978-7-5713-5451-0

Ⅰ . TU986.2

中国国家版本馆 CIP 数据核字第 2025HK2730 号

图解庭院造景施工

著　　者　张浩然
项目策划　凤凰空间 / 庞　冬
责任编辑　赵　研
责任设计编辑　蒋佳佳
特约编辑　庞　冬

出版发行　江苏凤凰科学技术出版社
出版社地址　南京市湖南路 1 号 A 楼，邮编：210009
出版社网址　http：//www.pspress.cn
总经销　天津凤凰空间文化传媒有限公司
总经销网址　http：//www.ifengspace.cn
印　　刷　雅迪云印（天津）科技有限公司

开　　本　787 mm×1 092 mm　1 / 16
印　　张　13.5
字　　数　172 800
版　　次　2025 年 8 月第 1 版
印　　次　2025 年 8 月第 1 次印刷

标准书号　ISBN 978-7-5713-5451-0
定　　价　98.00 元

前言

PREFACE

大多数生活在农村的“80后”“90后”小时候的成长空间里都有院子，因此长大后很多人也想拥有一座带院子的房子，但这似乎不是一件容易的事。

现代语境中的“庭院”和很多人印象中的院子有所不同。以前的院子大多在村庄里，面积很大，讲究实用性，以硬化为主，美观是次要的。现代庭院多数在城市洋房、别墅中，是少数人的需求。庭院设计既要实用又要好看，还要满足各种政策要求，从设计到落地要对接不同工种的施工人员。这导致很多庭院业主一开始想得很简单，但实际建设过程中会遇到许多意想不到的问题。

目前，庭院设计的常见施工类型有外包施工、专业庭院公司施工，以及个人团队施工，质量参差不齐。很多业主都是第一次请人设计自家庭院，信息不对称导致业主在整个设计、施工过程中很容易被误导。我见过不少因为施工不专业而导致返工的情况，也帮忙做过多次收尾工作。业主的热情慢慢被消磨殆尽了，最后只能草草了事。

本书按照庭院的施工顺序，从基础施工到面层施工再到一些专项施工，将庭院建造过程中的主要节点串联起来。新材料、新技术、新方法不断迭代，笔者希望尽可能将常见做法都收纳其中，通过剖视图的方式直观地展示出来，让看不懂图纸的读者也能了解其中的工艺细节，方便其对整个庭院施工流程和工艺进行整体把控，做到心中有数。另外，本书展现的是特定情况下的标准做法，读者可以根据现场情况灵活套用。

本书的读者对象是庭院爱好者、想要了解施工工艺的庭院设计师，以及刚入行的庭院施工人员。

希望大家阅读本书后都能有所收获，早日拥有自己的梦中庭院。

赵浩然

2025年6月

目录
CONTENTS

1 铺地工程

1.1 基础工程 · 12

- ▶ 围墙地梁的施工流程 · · · · · · · · · · · · · · · · · · 12
- ▶ 管线预埋流程 · 14
- ▶ 管线预埋注意事项 · · · · · · · · · · · · · · · · · · 15
- ▶ 地基处理工序 · 18

1.2 面层工程 · 20

- ▶ 铺地材料 · 20
- ▶ 铺地施工流程 · 22
- ▶ 石材铺地 · 24
- ▶ 石英砖铺地 · 28
- ▶ 竹木、塑木铺地 · · · · · · · · · · · · · · · · · · · 30
- ▶ 水磨石铺地 · 32
- ▶ 散置砾石铺地 · · · · · · · · · · · · · · · · · · · 34
- ▶ 老石板铺地构造剖视图 · · · · · · · · · · · · · · · · 36
- ▶ 塑胶场地构造剖视图 · · · · · · · · · · · · · · · · · 37
- ▶ 庭院汀步铺地 · 38
- ▶ 屋顶绿化 · 40
- ▶ 庭院台阶 · 42

1.3 排水工程 · 44

- ▶ 线形排水沟分类 · · · · · · · · · · · · · · · · · · · 44
- ▶ 明沟排水 · 46
- ▶ 暗沟排水 · 47

▶ 卵石暗沟排水 · 48
▶ 卵石明沟排水 · 49
▶ 草坪地漏排水 · 50
▶ 海绵湿地排水 · 51
▶ 排水盲管的作用及施工流程 · · · · · · · · · · · · · · · · 52

2 景观构筑物

2.1 庭院门头 · · · · · · · · · · · · · · · · · 56

▶ 门头的功能和分类 · 56
▶ 极简金属门头 · 58

2.2 庭院凉亭 · · · · · · · · · · · · · · · · · 66

▶ 凉亭的分类 · 66
▶ 新中式金属凉亭 · 68
▶ 日式金属凉亭 · 76
▶ 防腐木凉亭 · 84
▶ 庭院常用木材 · 92

2.3 庭院景墙 · · · · · · · · · · · · · · · · · 94

▶ 景墙的功能和风格分类 · · · · · · · · · · · · · · · · · · 94
▶ 墙面石材铺贴工艺 · 96
▶ 标准跌水景墙 · 100
▶ 极简跌水景墙 · 104
▶ 跌水幕墙 · 108
▶ 标准泵坑的做法 · 112
▶ 防水材料的种类 · 113
▶ 镂空景墙 · 114
▶ 玻璃景墙 · 118

2.4 庭院卡座 122

- 卡座的分类 122
- 庭院卡座、吧台、操作台的尺寸 123
- 贴砖卡座 124
- 防腐木卡座 128
- 水磨石卡座 132
- 悬挑卡座 136

2.5 庭院操作台 138

- 庭院操作台的功能和材质 138
- 砖砌操作台 140
- 混凝土操作台 142

2.6 庭院花池 144

- 花池的类型和材质 144
- 砖砌花池施工流程及要点 145
- 贴砖花池 146
- 悬浮感窄边花池 148
- 金属花池 150
- 阳台、露台花池 152

3 庭院水景

3.1 浇筑鱼池 158

- 浇筑鱼池简介 158
- 浇筑鱼池施工步骤 159
- 浇筑鱼池水循环系统 162
- 浇筑鱼池主体剖视图 164
- 浇筑鱼池构造剖视图 166
- 浇筑鱼池过滤细节 168

3.2 生态水景 ······ 172

- ▶ 生态水景的形式 ······ 172
- ▶ 生态水景施工步骤 ······ 174
- ▶ 污物循环和净水循环 ······ 176
- ▶ 鱼池构造剖视图 ······ 178
- ▶ 生态水景构造剖视图 ······ 180

3.3 装饰水景 ······ 182

- ▶ 镜面水景 ······ 182
- ▶ 蹲踞 ······ 186
- ▶ 水钵 ······ 190

4 庭院围墙

4.1 实体围墙 ······ 194

- ▶ 实体围墙的材质选择和设计要素 ······ 194
- ▶ 砖砌实墙构造剖视图 ······ 196
- ▶ 室外涂料简介 ······ 198
- ▶ 清水混凝土墙 ······ 200
- ▶ 干垒石墙构造剖视图 ······ 202

4.2 透光围墙 ······ 204

- ▶ 透光围墙的材质选择和应用场景 ······ 204
- ▶ 塑木围栏 ······ 206
- ▶ 铝艺围栏 ······ 208
- ▶ 长城板围栏 ······ 210
- ▶ 防腐木围栏构造剖视图 ······ 212
- ▶ 镂空砖围栏构造剖视图 ······ 213

后记 ······ 214

1

铺地工程

PART 1

1.1 基础工程
1.2 面层工程
1.3 排水工程

1.1 基础工程

围墙地梁的施工流程

许多新交付的小区都存在土壤下沉的风险。在围墙施工过程中，地梁作为围墙基础的一部分，可以增加围墙底部的支撑力，使其更加稳固。而没有地梁的围墙，则容易受到土壤移动、地面沉降等因素的影响，导致倾斜或倒塌。

1. 土方开挖

采用机械或人工的方式开挖，按照设计要求的深度和宽度进行开挖。遇到较复杂的地梁工程，为了防止降雨影响施工进度，需要在开挖角点设置集水井，并安排潜水泵抽水。

土方开挖

2. 模板搭设

根据设计图纸要求，对地梁的位置、高程进行测量和确定，夯实后铺设 10 cm 厚碎石垫层，在上面做 10 cm 厚素混凝土，最后搭设模板。

模板应牢固、平整、尺寸准确，以保证地梁的几何尺寸和位置精度符合要求。一般地梁的深度为 30 cm，宽度为 24 cm。

模板搭设

3. 钢筋捆扎

模板搭设好之后，根据设计要求进行钢筋的加工和捆扎。钢筋的位置和尺寸应符合设计要求，以保证地梁的受力性能和使用寿命。一般地梁主筋直径为 12 mm，箍筋直径为 8 mm，间距为 200 mm。

钢筋捆扎

4. 混凝土浇筑

安装完钢筋后，进行混凝土浇筑，混凝土强度等级一般为 C25。浇筑过程中需控制浇筑速度和厚度，确保混凝土均匀、完整、无裂缝。浇筑完成后要充分养护。

混凝土浇筑

如果不做地梁，那么应怎样安装围栏？

如果庭院业主不要求做地梁，那么可以在前期计算好围栏柱间距。在柱点位置开挖一定的深度，用直径 30 cm 的波纹管代替模板，在其中灌注混凝土。混凝土凝结后可作为柱点基础使用。

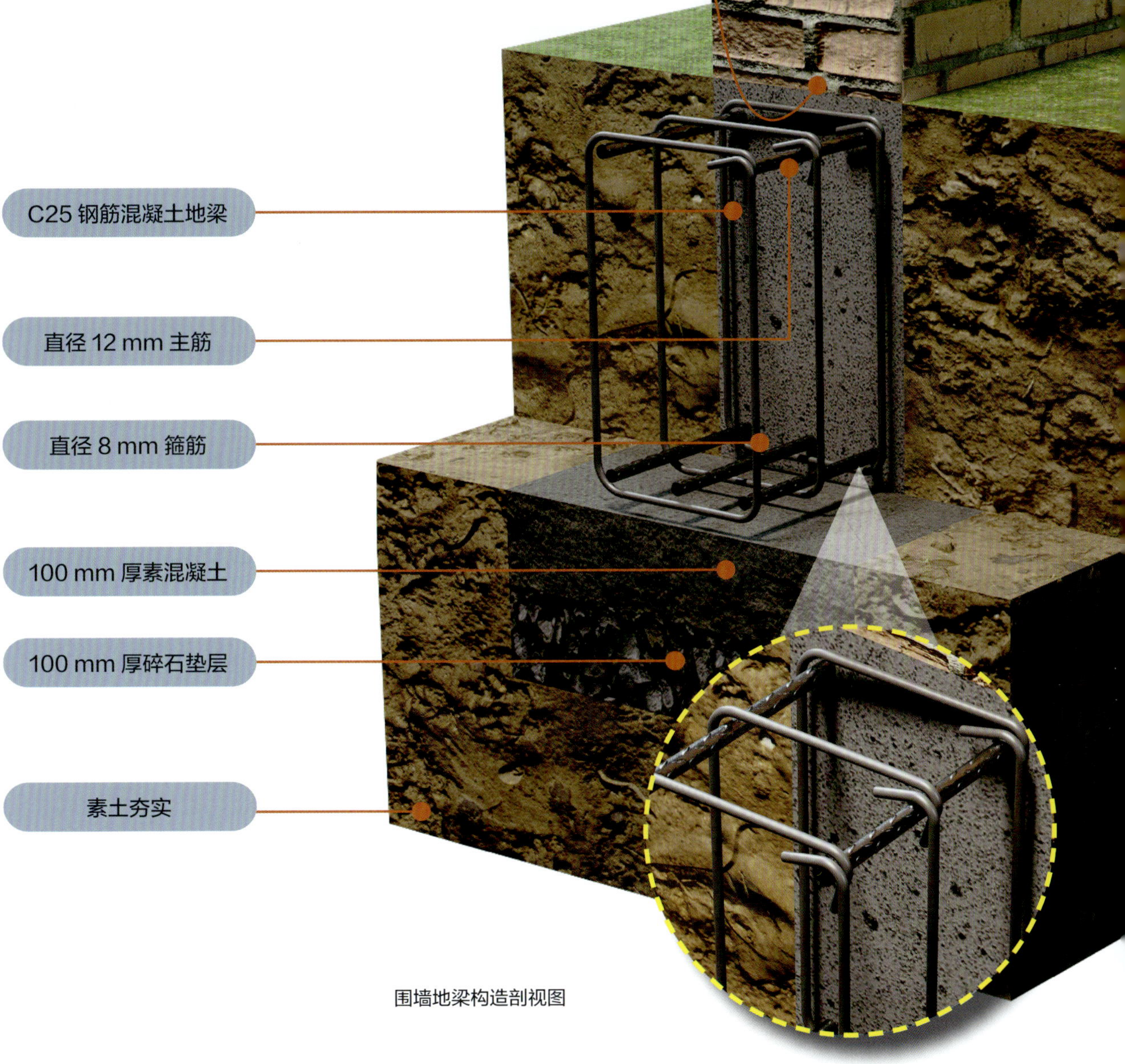

C25 钢筋混凝土地梁

直径 12 mm 主筋

直径 8 mm 箍筋

100 mm 厚素混凝土

100 mm 厚碎石垫层

素土夯实

围墙地梁构造剖视图

► 管线预埋流程

庭院地基夯实后，就可以进行管线施工了。管线施工指的是在庭院建设过程中，铺设用于水、电、排水和灌溉等功能系统的管道。管线施工的质量直接关系到后期的使用和维护，因此应与庭院的整体设计相协调，确保管道布置合理、安全且便于后期维护。

1. 前期规划

在管线施工前，应根据庭院的整体设计方案进行详细的管道布置。需要确定管线的走向、埋设深度以及管道之间的间距，避免与景观元素（比如树木、花坛）冲突。

协调设计：需协调管道布置与庭院硬景观的设计（比如步道、平台等），避免后期施工时出现冲突。

现场规划

2. 管道安装

管道安装是管线施工的核心环节，涉及埋管、接头连接等技术操作。

埋设管道：根据规划开沟埋管，沟槽深度应符合设计要求，常见的深度为 30 ~ 50 cm，根据管道种类和功能可有所不同。弯头、三通等管道连接部分需精确对接，确保不留缝隙，并做好密封防漏处理。

管线铺设

3. 检查与调试

管道安装完成后，必须进行全面检查和测试，以确保能正常运行。

水管测试：进行打压测试，确保给水管道无渗漏，并测试水流量是否符合要求。

电力管道测试：确保电力系统的安全性和稳定性。

灌溉系统调试：检查喷头或滴灌系统的工作效果，确保灌溉均匀。

检查调试

▶ 管线预埋注意事项

1. 给水管线

给水管线是指用于灌溉以及其他可能需要水源的管道系统。常见的给水管线材料有 PE、PP-R 和铝塑复合管等，这些材料具有耐腐蚀、耐压强度高、施工方便等优点。

施工注意事项：

①在埋设给水管线时，应确保管道深度足够，避免受到地面硬化或物理碰撞的损伤。

②给水管线需安装适当的水龙头、接头和过滤器，防止杂质进入管道并影响水流。

③为了避免因水压问题而导致的管道破裂，建议进行打压测试，确保管道的承压能力。

PE 管

PP-R 管

2. 排水管线

排水系统主要用于收集庭院中多余的水，尤其是雨水。良好的排水系统不仅能防止积水造成的泥泞，还能有效避免植物根部因水分过多而腐烂。庭院常用的排水管材料有 PVC、PE 和波纹管。

施工注意事项：

①排水管线的安装需要严格遵守相关规定，通常坡度设计在 1% ~ 2% 之间，以确保水流顺畅。

②雨水井与污水井一定要分开，不能合二为一，防止夏季暴雨使污水倒灌。

③排水系统的检查口需设置在易于维护的位置，便于后期清理和检修。

PVC 管

PE 管

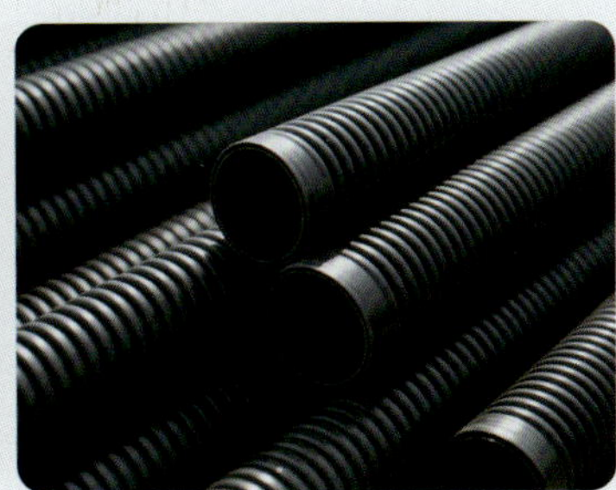
波纹管

3. 电力及照明管线

庭院电路需在配电箱内设置独立的空气开关进行控制，方面独立检修，不会全屋断电。使用户外电缆线进行布线，套 PVC 管或 PE 盘管作为保护。

施工注意事项：

①为凉亭、阳光房、烧烤休闲区的插座配 4 mm^2 规格电线，为灯具配 1.5 mm^2 或 2.5 mm^2 规格电线，为其他插座配 2.5 mm^2 规格电线。

②做好接线盒灌胶或在接线处用电工专用胶带缠绕紧实，方便后期检修施工。

③户外灯具尽量选择低压款，比如 12 V、24 V。

成品电箱

PVC 管

PE 穿线管

4. 灌溉系统管线

灌溉系统是庭院管线施工的重要组成部分，可以确保植物得到均匀的灌溉，尤其是在干旱或季节性缺水的地区。每种灌溉方式都需要不同的管道配置，PE 软管是最常用的喷灌管材。

施工注意事项：

①根据庭院的实际规模选择合适的灌溉系统和管线规格，通常滴灌系统适用于花坛、小型庭院，而喷灌系统适用于面积较大的草坪或植物区。

②管线铺设时要避免过度弯曲或扭曲，确保水流畅通。

③要定期检查灌溉管道，清除可能出现的堵塞物，确保灌溉系统的工作效率。

升降式喷头

简易喷头（一）

简易喷头（二）

庭院管线铺设完成

地基处理工序

基层是庭院建设的重要环节，不仅涉及美观的设计元素，还关系到地面结构的稳定性、耐用性及功能性。铺装的基础层即基层的处理，决定了最终的铺装效果和使用寿命。良好的基层处理可以有效避免地面沉降、起伏不平以及积水等问题，是确保庭院地面持久耐用的关键步骤。

1. 测量放线

在硬质景观的基础施工过程中，测量放线是关键的一步。现场一般用白石灰或腻子粉做标记，需严格按照设计图纸的平面定位坐标或节点详图进行放样。

现场施工总体放样后，应对图纸与现场的几何尺寸进行复核、校对。

放线现场

2. 土方开挖

土方开挖前应了解地下管线的分布，避免在开挖过程中损坏原有管线。同时根据施工图标高确定场地是挖土还是回填土，需提前对场地内的排水井做保护，避免其被土方填实。

大面积挖方可借用机械设备，小面积挖方则建议人工来操作，开挖后将挖出的多余土方装袋运到指定地点。

挖掘机开挖

3. 素土夯实

通常使用机械进行夯实，小面积区域也可选择手动夯实。场地一般夯实两三遍即可。下雨天或者土壤潮湿的情况容易粘夯，会拖慢施工进度，应谨慎施工。

可以采用将小块碎石夯入土中的方法，提高土壤夯实系数。

电夯夯实

4. 铺设碎石垫层

摊铺碎石前应完成场地浇筑区支模工作，可选择的材料有钢模、木模和砖模。完成后将碎石均匀地摊铺在浇筑区。

一般采用粒径 2 ~ 3 cm 的碎石，铺设厚度为 5 ~ 10 cm，石料最大粒径不应大于垫层厚度的 2/3。

测量碎石垫层的厚度

5. 铺设混凝土垫层

绑扎钢筋网：一般采用直径 8 ~ 10 mm 的钢筋，间距在 20 ~ 30 cm 之间，单层双向绑扎。

混凝土摊铺：大面积的浇筑可选择商品混凝土，小面积的浇筑则建议选择现场拌合。混凝土的铺设厚度一般为 10 cm，强度等级一般为 C20。摊铺过程中注意振捣紧实，单层钢筋网需用钢钩提拉，保证钢筋网位于混凝土厚度的中部位置。

一边摊铺一边找平收光，找平方向应按照施工图排水方向预留，为后续面层铺设留足坡度，并按照施工要求留置伸缩缝。

收光完毕后进入养护阶段，天气炎热的情况下需铺塑料膜，以防水分蒸发过快，并于第二天打水养护。

10 cm 厚的混凝土，通常 24 小时后可上人。如果天气比较炎热，那么 3 ~ 5 天后可以拆模，再进行下一个施工工序。

纯人行地面、无沉降风险的地面可采用素混凝土。车行区域的混凝土基础可采用直径 12 mm 的钢筋，单层双向绑扎。

绑扎钢筋网

摊铺混凝土垫层

1.2 面层工程

▶ 铺地材料

在庭院设计中，铺地材料不仅影响庭院的美观性，还决定了其功能性和实用性。随着庭院景观设计的不断发展，铺地材料的选择也愈发多样化。从传统的石材到现代的透水砖，再到环保材料的出现，每种材料都能为庭院增添独特的氛围。

1. 花岗岩

花岗岩具有坚固、耐用、防滑、易维护的特点，适用于各种风格的庭院地面，能增加庭院的美感和实用性。

2. 石英砖

石英砖铺地施工简单，形式多样，且价格相对便宜，是常见的铺地材料。

3. 木材

木材质朴自然，适用于农村自建房的庭院，可以搭配花坛、栏杆和花架，营造舒适的庭院氛围。

4. 老石板

老石板给人自然和谐的观感，尤其是形状不规则的石板铺装，可以营造出质朴、自然的景观氛围，适合英式乡村田园风或山水庭院。

5. 砾石

砾石铺设不仅美观，还具有一定的防滑功能，常用于庭院休闲区或小路。

6. 塑胶

塑胶多用于运动场地，除美观耐用外，还能保护身体。

7. 植草砖

植草砖不但美观，而且透水性良好，有助于保护环境。

8. 瓦片

瓦片通常运用在某些特定区域，可以营造出独特的视觉效果和文化氛围。

花岗岩

石英砖

木地板

老石板

砾石

植草砖

▶ 铺地施工流程

1. 清理基层

要确保地面平整、干净、无杂物。用扫帚等工具将基层表面的浮土、砂子、水泥等清扫干净。混凝土地面需洒水湿润。任何悬浮物都会影响面层铺装材料与基层的黏结强度。

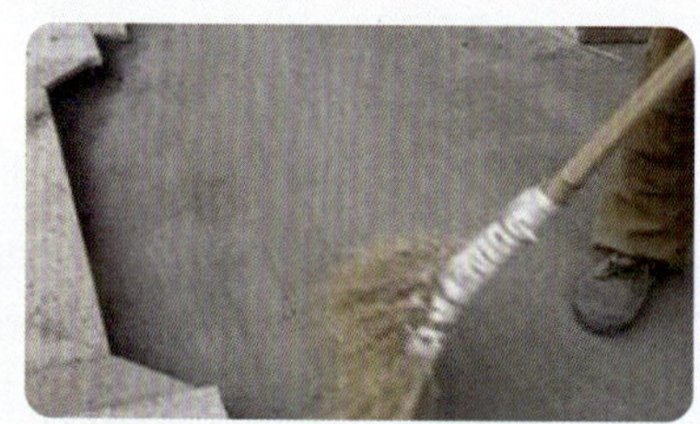

基层清理

2. 弹线复核

根据设计图纸，在基层上弹出水平线、垂直线和控制线，确定石材的铺贴位置和间距。检查标高及平整度是否符合设计要求，提前确定反水方向。

复核标高

3. 铺设砂浆层

铺设 1 ∶ 2 或 1 ∶ 3 的水泥砂浆，干湿度控制标准为"手捏成团，手松不散，落地开花"。找平层厚度通常不超过 40 mm。

用刮尺压实赶平水泥砂浆并用木抹子搓平，随拌随用，避免风干。

"手松不散"

4. 铺贴石材

将石材背面润湿，并涂抹 10 mm 厚的水泥砂浆作为黏结层。从里向外逐行、逐列带线铺贴，确保石材平整、缝隙均匀。铺贴时需对好四角同时下落。

可用橡皮锤轻敲振实，确保水泥砂浆饱满紧实。

石材铺贴

5. 后期养护

石材铺贴完成后需进行养护，养护期间避免重压、受振和上人。

所有铺贴面层都需要使用专业的室外保护膜进行保护，防止二次污染和意外损伤。

石材保护膜

在石材背面涂抹水泥砂浆

用橡皮锤找平

干硬性水泥砂浆

石材铺地

1. 石材铺地构造剖视图

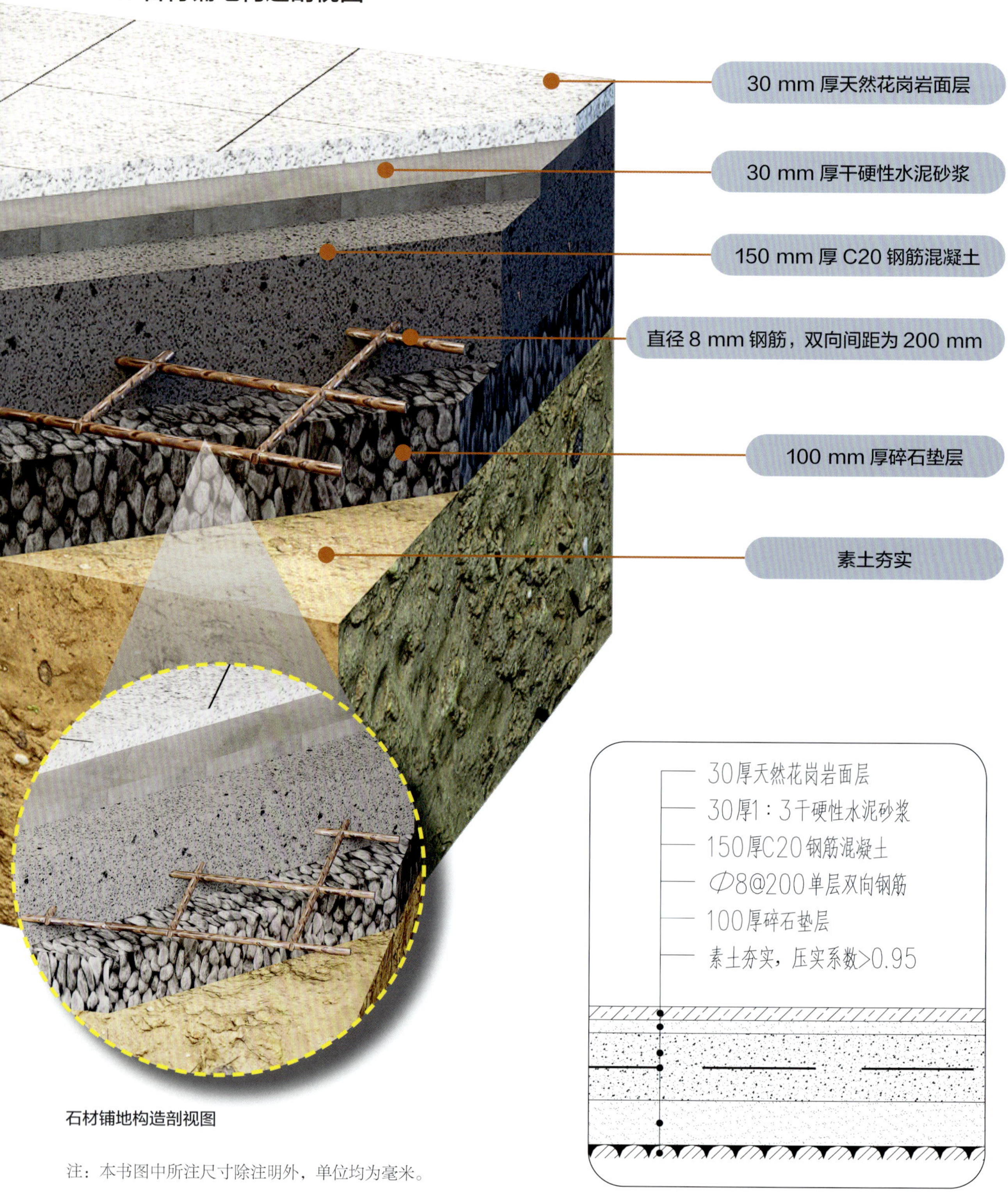

石材铺地构造剖视图

注：本书图中所注尺寸除注明外，单位均为毫米。

2. 石材常用尺寸

石材常用尺寸（长度、宽度）为 300 的倍数，一般标准尺寸为 300 mm × 300 mm、300 mm × 600 mm、600 mm × 600 mm、600 mm × 900 mm、900 mm × 900 mm、600 mm × 1200 mm。

收边石材的尺寸（长度、宽度）一般为 100 mm × 600 mm、150 mm × 600 mm。

石材厚度一般为 20 mm、30 mm、50 mm、80 mm。

石材

3. 石材的铺贴样式

庭院石材常用的铺贴样式有很多种，每种样式都有独特的美感和使用场景。常见的石材铺贴样式有错位拼、菱形拼、席纹拼、人字拼等。

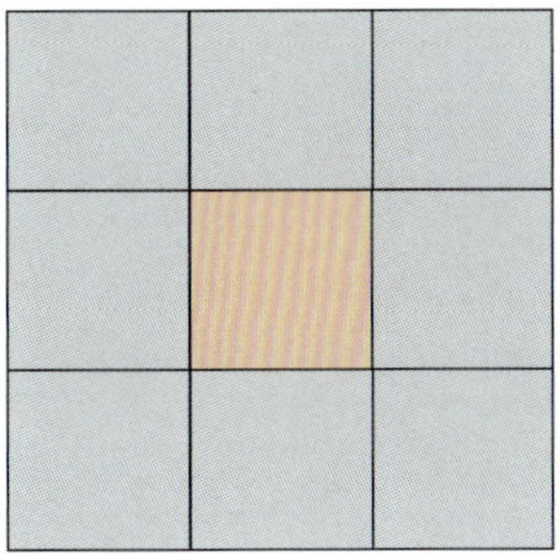

常规拼

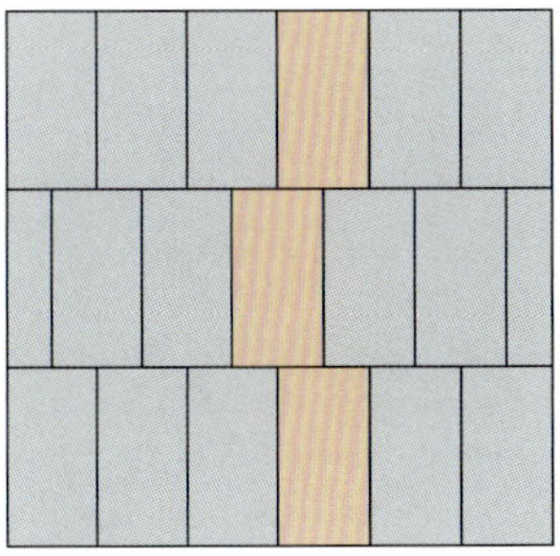

错位拼（一）

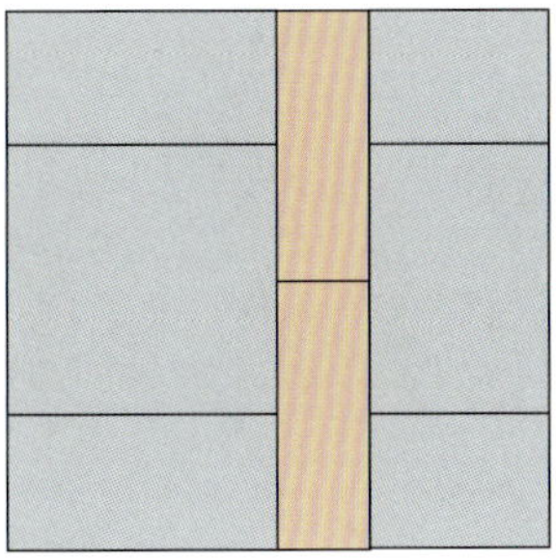

错位拼（二）

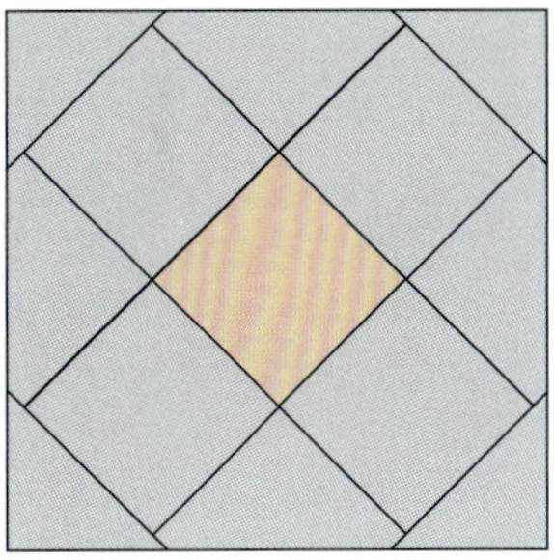

菱形拼

席纹拼

回字拼

人字拼

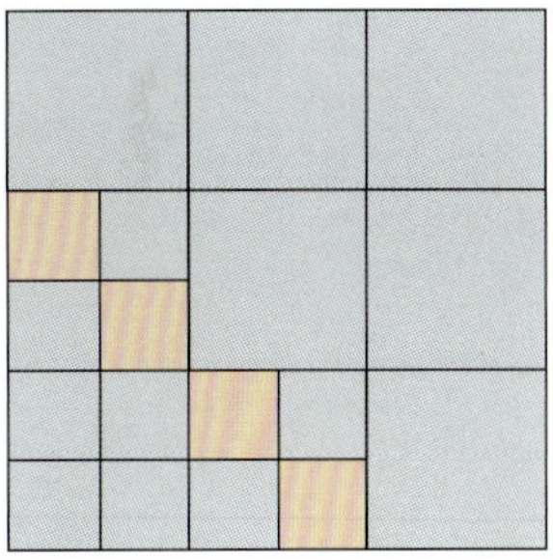

渐变拼

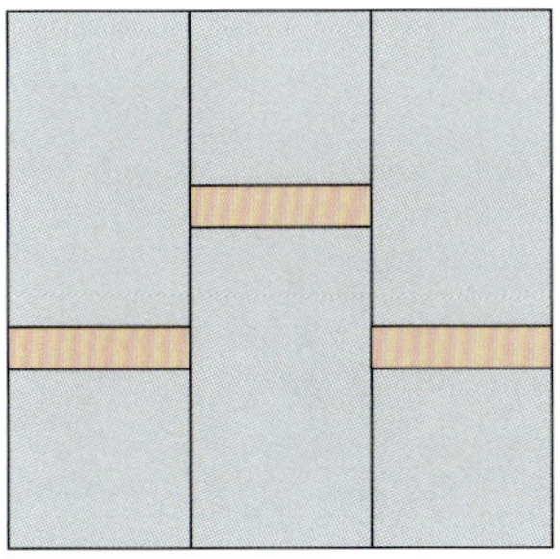

竹节拼

工字拼（一）

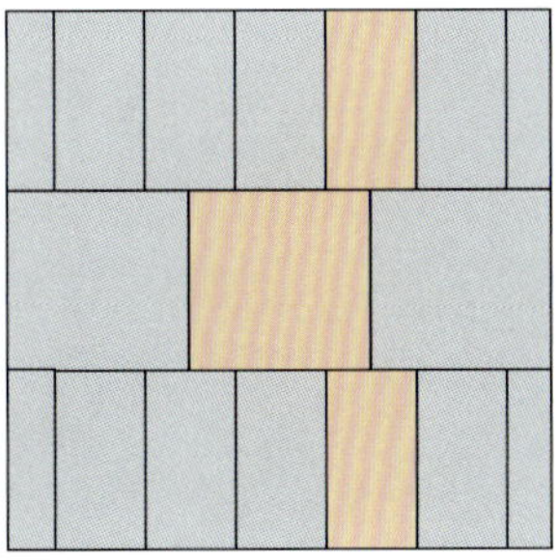

工字拼（二）

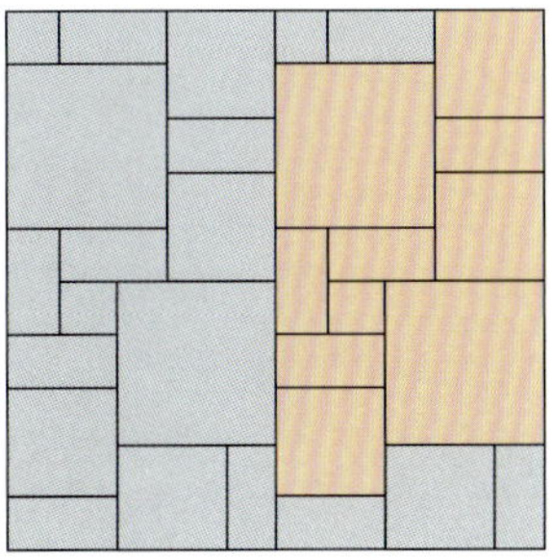

罗马拼

小专栏 花岗岩的种类

花岗岩的种类繁多，按照颜色可以分为黑色系、黄色系、红色系和白色系四大类。

黑色系

芝麻黑

福鼎黑

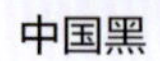
中国黑

蒙古黑

黄色系

黄金麻

虎皮黄

沙漠棕

黄锈石

红色系

贵妃红

永定红

桂林红

岑溪红

白色系

珍珠白

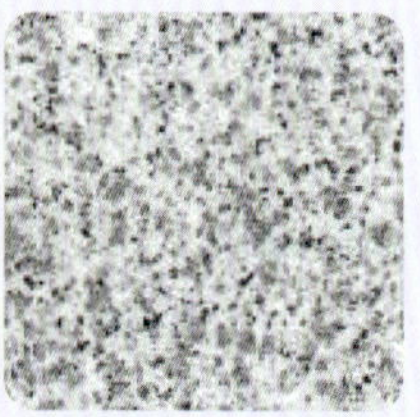
芝麻白

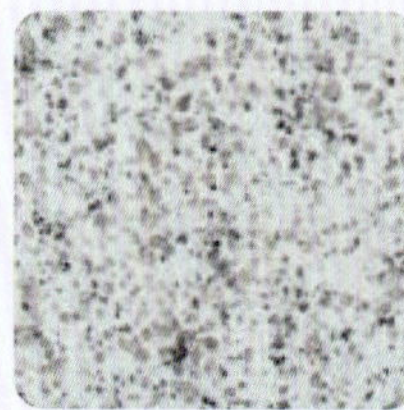
天山蓝

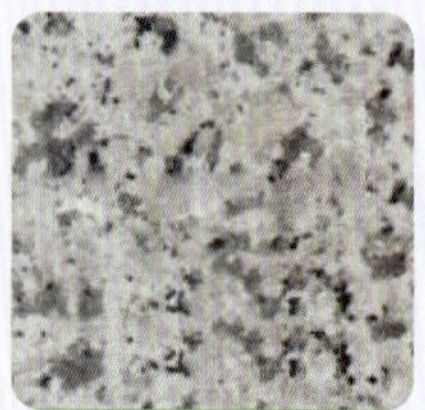
金山白

小专栏 石材加工面分类

石材加工面可以分为多种类型，每种类型都有独特的特点和应用场景。

光面 亚光面 荔枝面 菠萝面

蘑菇面 自然面 火烧面 剁斧面

拉槽面 酸洗面 仿古面 喷砂面

倒角切角 磨圆角 钻孔处理 异型加工

▶ 石英砖铺地

1. 石英砖铺地构造剖视图

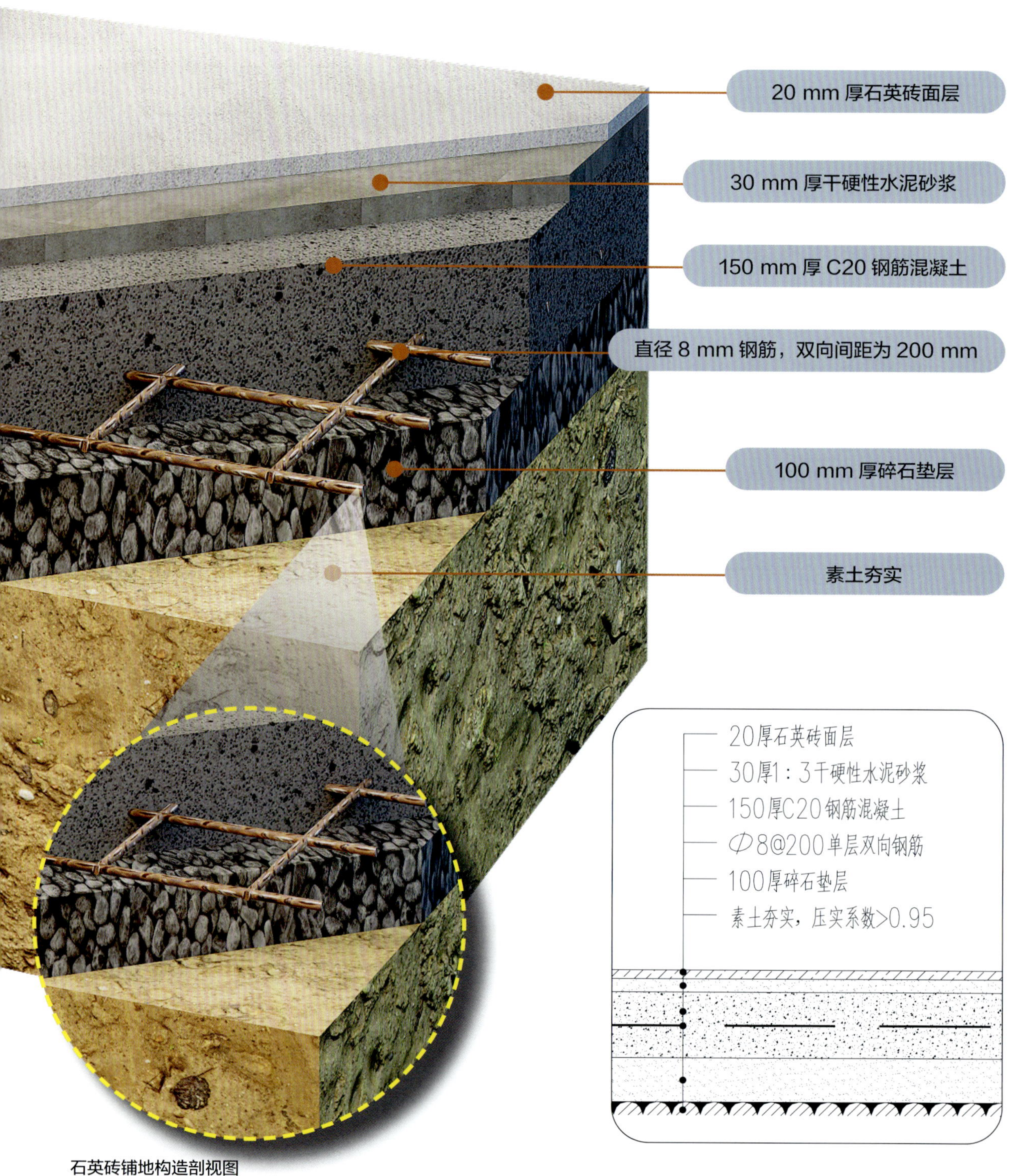

石英砖铺地构造剖视图

2. 花岗岩、石英砖和 PC 砖对比

（1）花岗岩

花岗岩是一种硬质的岩石，主要由石英、长石和云母等矿物组成，具有良好的耐磨性和装饰性，常用于建筑的地面、墙面和台面等处。花岗岩的外观自然，颜色和纹理多样，能够实现高端的装饰效果。

花岗岩

（2）石英砖

石英砖采用特殊的生产工艺技术和配方原料，主要是用长石、石英、陶土、陶石等原料，在非恒温煅烧及压力等条件的改变下，在砖体内形成致密结构。石英砖部分采用全通体工艺，实现表里如一的品质。

石英砖

（3）PC 砖（聚合物混凝土砖）

PC 砖是一种通过预制混凝土技术生产的砖块，通常用于道路、人行道和其他地面铺设。PC 砖以水泥、石灰、砂子为主要原材料制成，具有高强度和耐久性。

PC 砖

总之，花岗岩以美观和耐用性著称，石英砖花色丰富且性能突出，PC 砖则因施工方便和成本效益高而广泛应用于公共设施和庭院景观中。

小专栏　石英砖弧形热弯工艺

石英砖热弯是一种常用的工艺，用于塑造石英砖的形状。它是将石英砖加热至高温，然后将其弯曲成所需的形状。这种工艺不仅能保持材料原有的物理性能，还能使其获得曲面形态。

设计师可以根据设计曲度直接下单让工厂定制，解决曲面石英砖贴面的难题。

石英砖热弯

▶ 竹木、塑木铺地

1. 竹木、塑木铺地构造剖视图

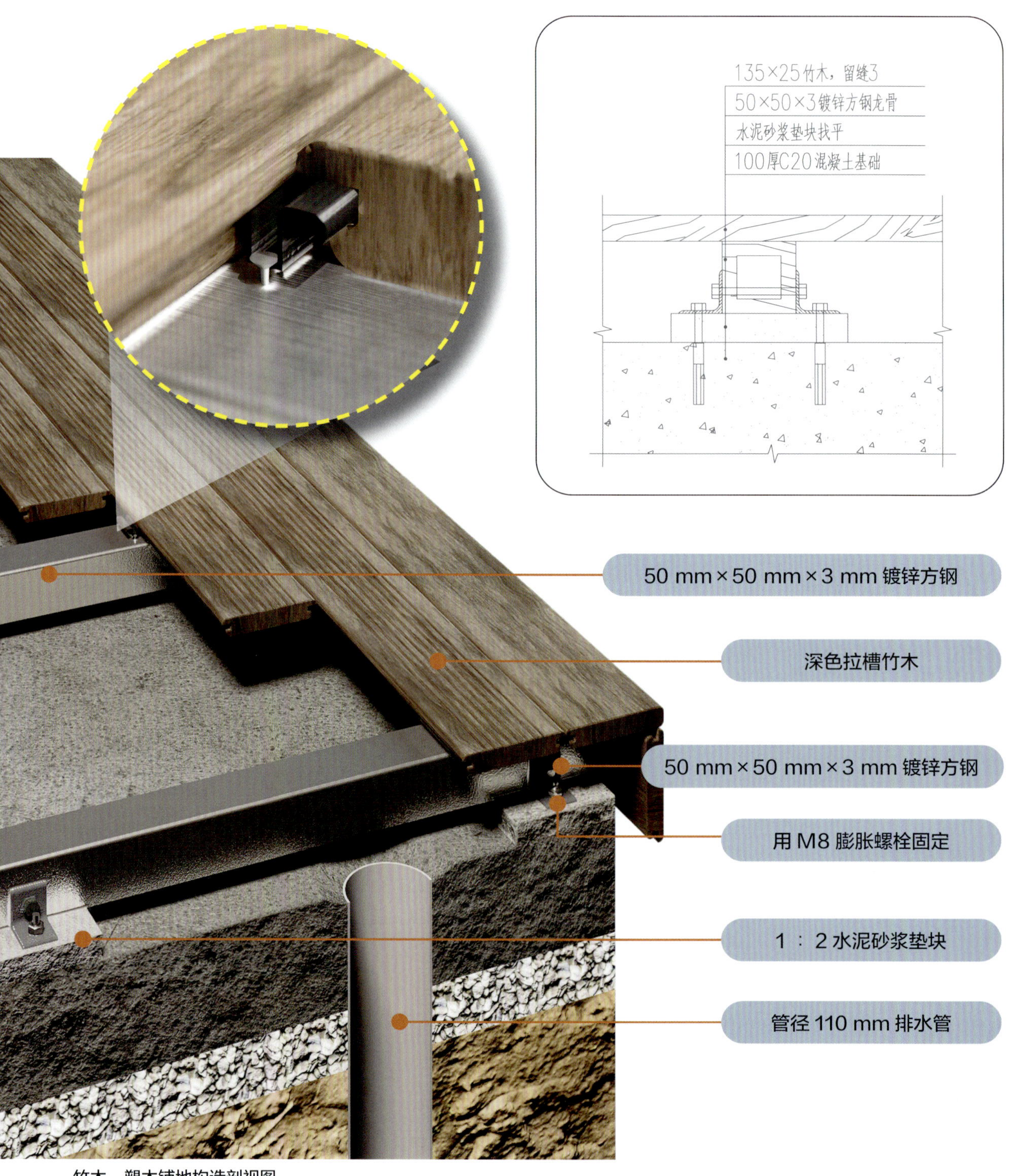

竹木、塑木铺地构造剖视图

2. 竹木、塑木的区别

竹木地板以天然、环保、耐用和美观等特点广受欢迎，适合追求自然风格和高品质生活的庭院业主；塑木地板则以功能性强、性价比高和适用范围广的优势成为经济型庭院的首选。

竹木、塑木的区别

项目	材料	性能及适用场景	价格	图示
竹木	主要由天然竹子经特殊处理后高温高压制成；色差小，纹理丰富	冬暖夏凉，稳定性佳，表面硬度高，耐磨性较好，适合居家环境使用	由于竹木加工工艺复杂和原材料的稀缺，价格相对较高	
塑木	由木纤维素、植物纤维素与热塑性高分子材料混合而成，再经模具设备加热挤出成型；兼具木材和塑料的优点，但和真实木材相比质感稍显呆板	防火、防水、耐腐蚀、防虫蛀；适用于各种环境，包括潮湿和多水的环境	生产成本较低，价格相对便宜	

3. 竹木、塑木铺地的施工要点

①木平台必须采用架空做法，龙骨选择镀锌方钢，龙骨轴间距为 45 ~ 50 cm。

②底部基层有排水设计，坡度不应小于 1%，坡朝向排水口。

③与绿化交接处一般使用宽度不小于 15 cm 石材波打线，波打线材质应符合项目设计要求。

④当木平台架空时，架空周边宜选择 5 mm 厚镀锌钢板或 5 mm 厚不锈钢板收边。

⑤使用木材作为踏步时，木板方向应垂直于人行方向。

竹木地板　　塑木地板

▶ 水磨石铺地

1. 水磨石铺地构造剖视图

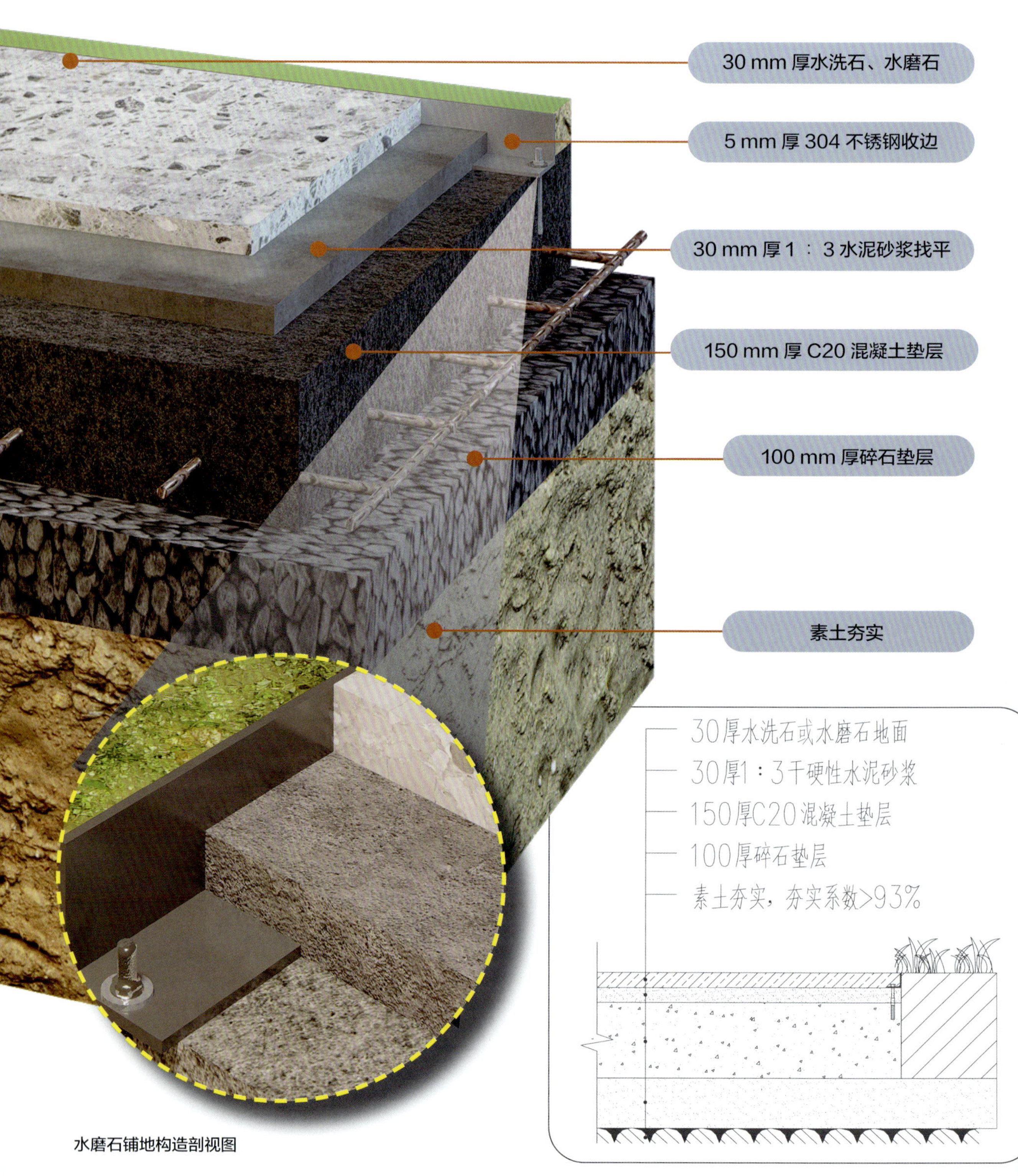

水磨石铺地构造剖视图

2. 水磨石施工原料

水磨石(也称磨石子)是将碎石、玻璃、石英石等骨料拌入水泥黏结料制成混凝后经表面研磨、抛光的制品。水磨石的成分主要有砂子、碎石、水泥、颜料等，它们具有不同的作用和特点，共同决定了水磨石的性能和质量。除主要成分外，还可以根据设计要求添加辅助成分，比如金属、塑料等。

白水泥

骨料

矿物颜料

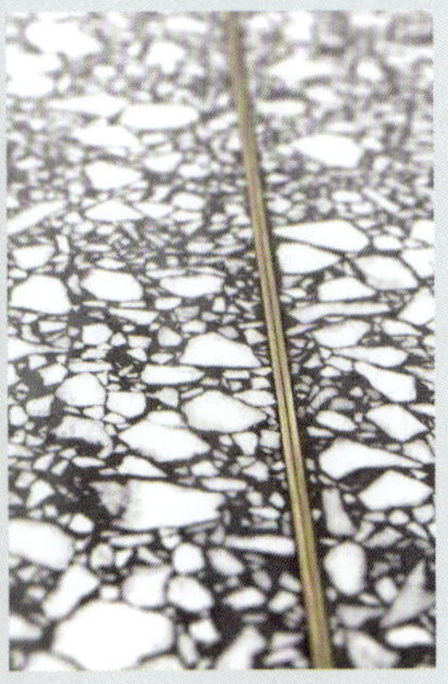
分隔条

3. 水磨石地面施工步骤

水磨石地面施工步骤主要包括以下几个关键环节：基层处理、水泥砂浆找平、安装分隔条、铺摊主料、养护、粗磨及填补水泥砂浆、细磨和抛光。

4. 粗磨、细磨和抛光
3. 铺摊主料
2. 挂网找平
1. 基层处理

水磨石铺装剖视图

散置砾石铺地

1. 散置砾石铺地构造剖视图

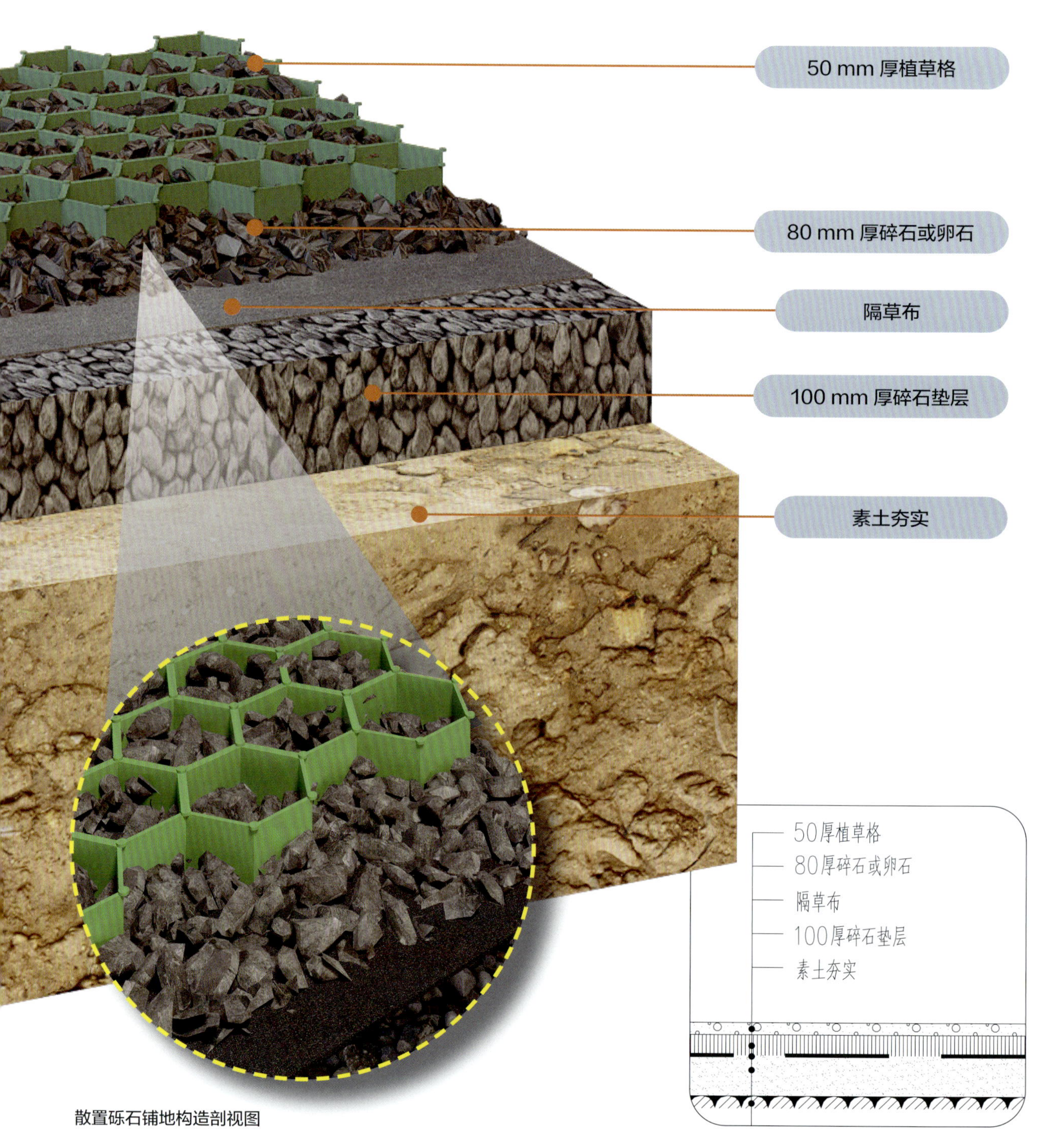

散置砾石铺地构造剖视图

2. 砾石的分类

砾石指粒径较大的石头，通常是由岩石经过长时间的侵蚀和搬运作用而形成的。砾石按颜色可以分为灰色砾石、黄色砾石、白色砾石等。

灰色砾石　黄色砾石　白色砾石

红色砾石　米白色砾石　青色砾石

米黄色砾石铺地　灰色砾石铺地

老石板铺地构造剖视图

此类做法适用于预算有限的小庭院，以及传统自然风小院。为防止后期不均匀沉降，石板厚度最低应控制在 80 mm。

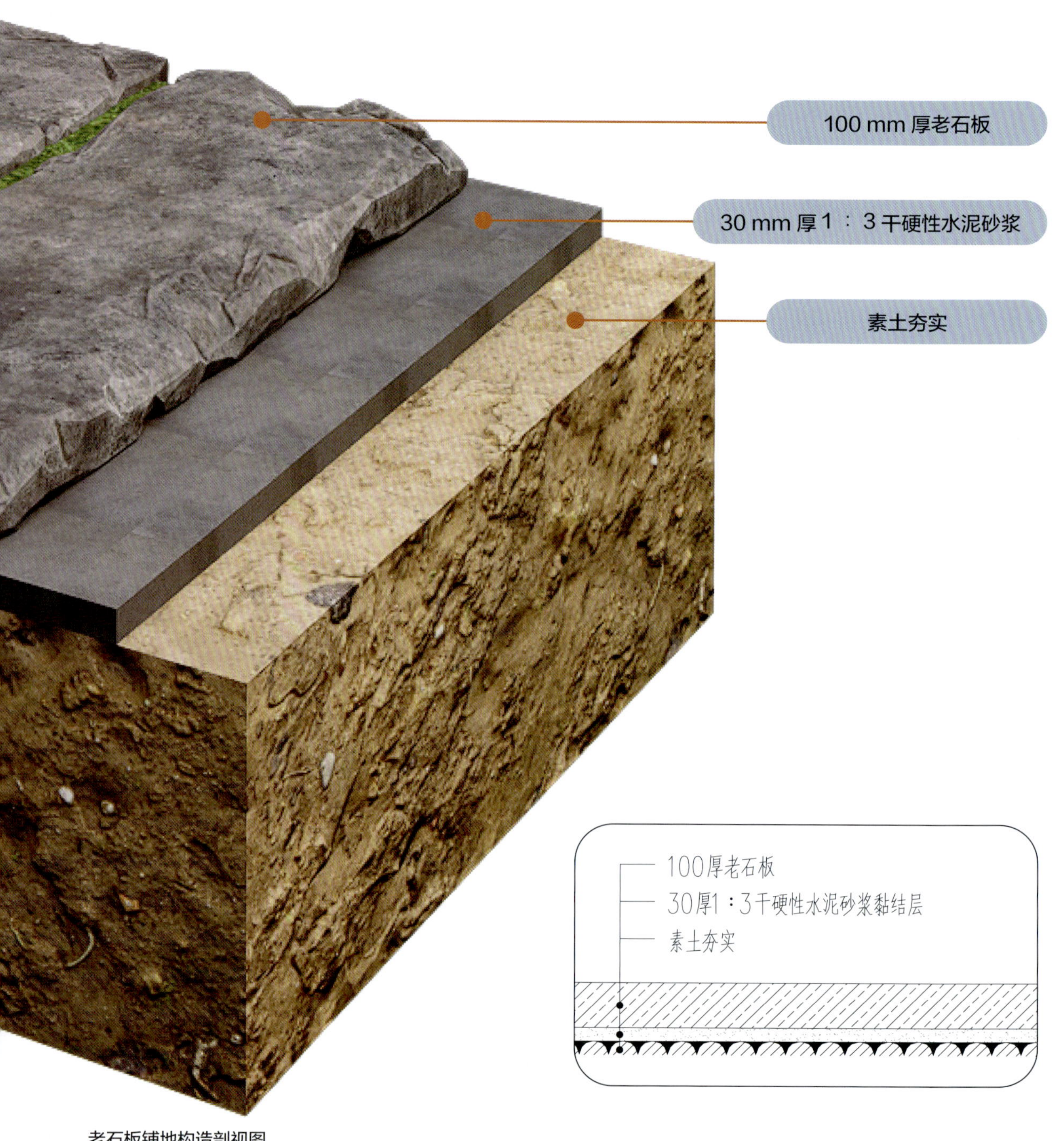

老石板铺地构造剖视图

▶ 塑胶场地构造剖视图

塑胶场地必须使用收边材料，根据设计需求可以选择石材波打线或者 304 不锈钢角钢（30 mm × 50 mm × 5 mm）。

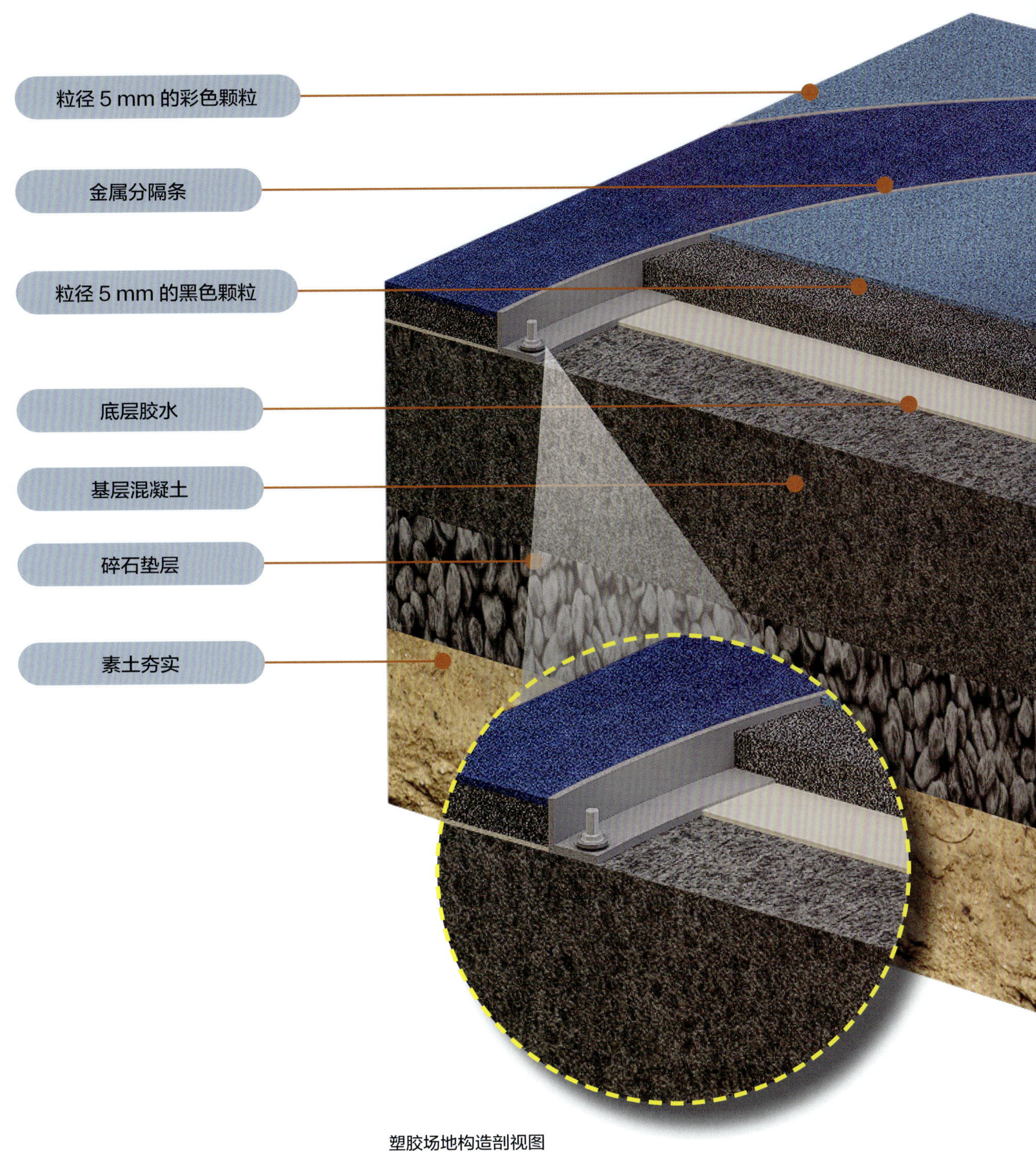

塑胶场地构造剖视图

庭院汀步铺地

1. 庭院汀步构造剖视图

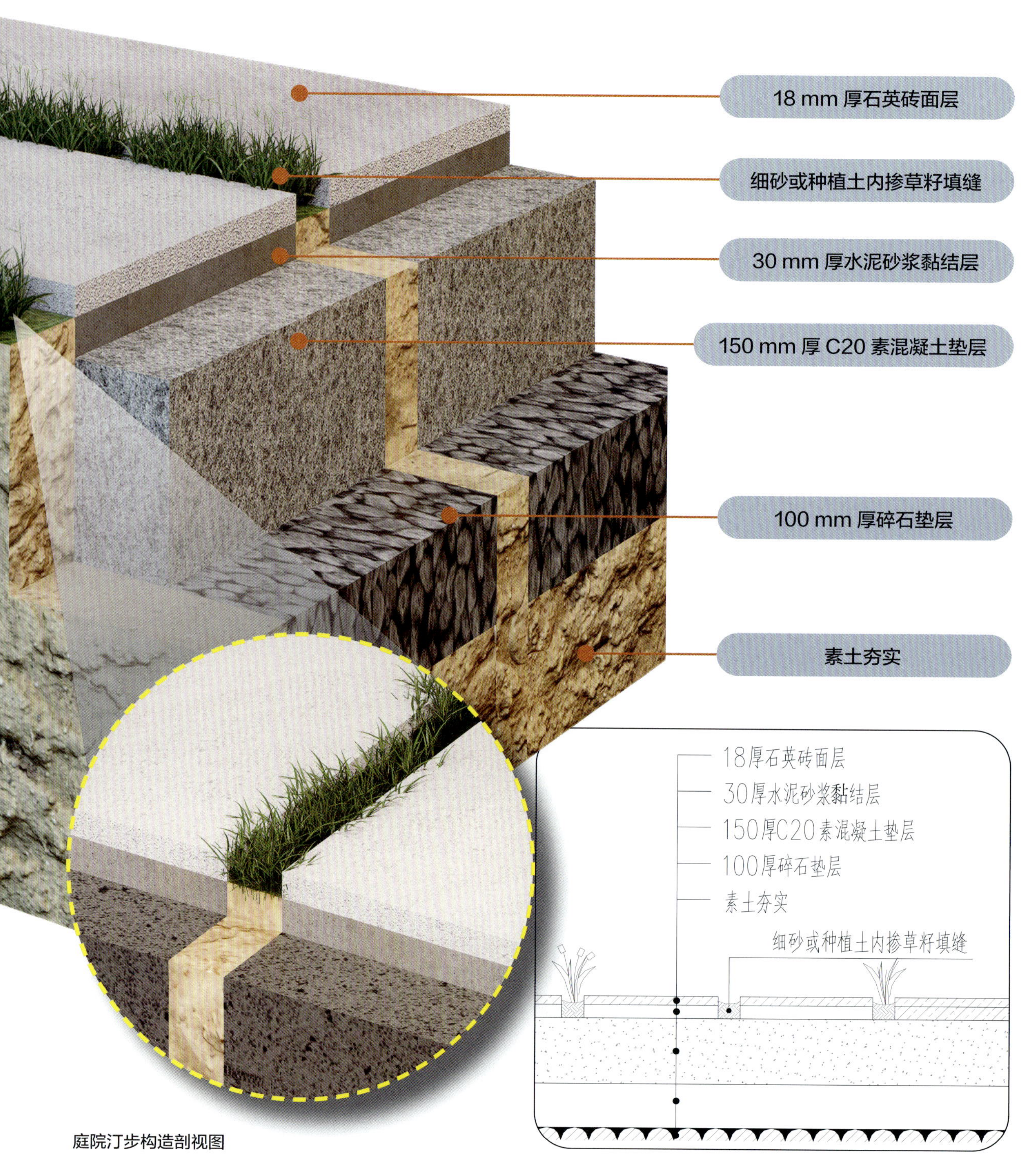

庭院汀步构造剖视图

2. 汀步的常见样式

汀步是一种独特的庭院景观设计元素，为空间增添了别样的趣味与美感。以下几种常见的汀步设计不仅实用性强，还具有艺术性。

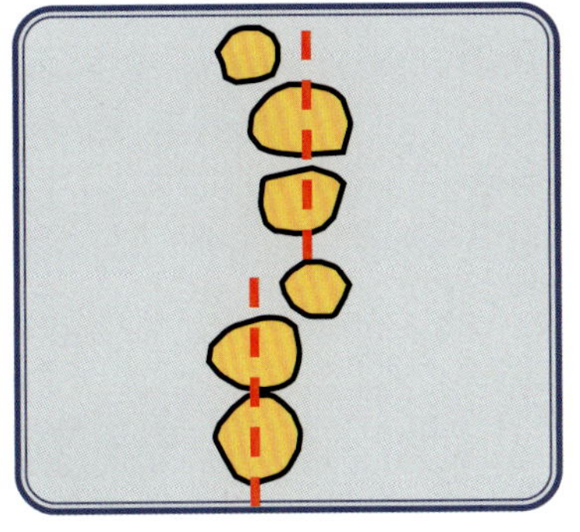

双石连点

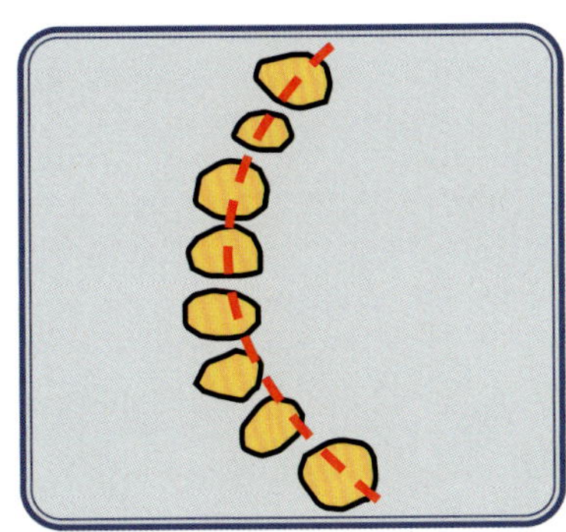

大弧线点

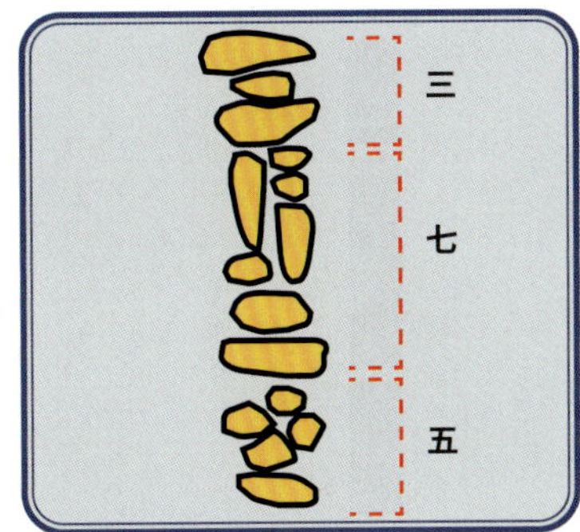

三、七、五点

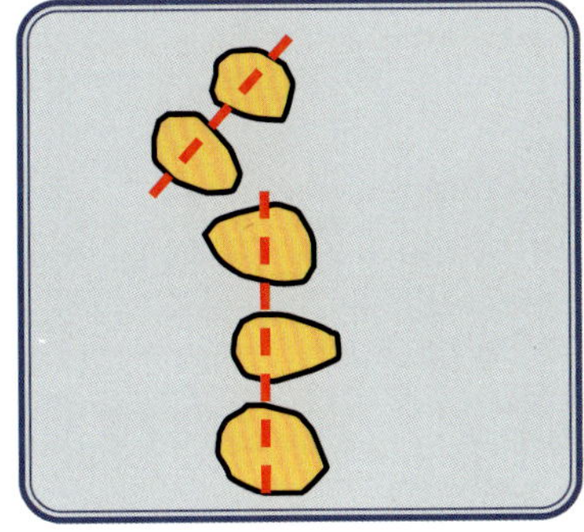

二三连点

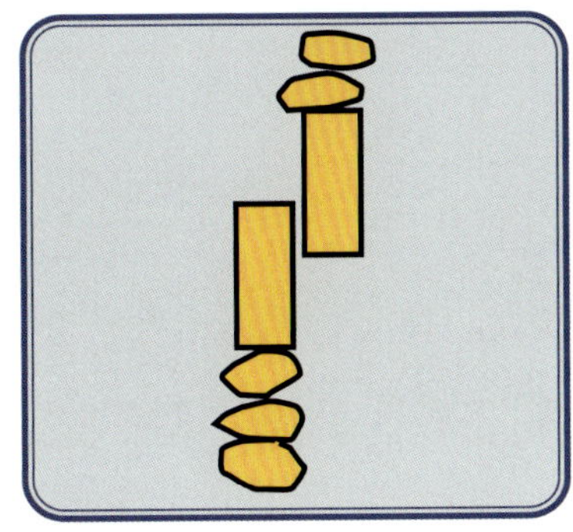

竹筏点

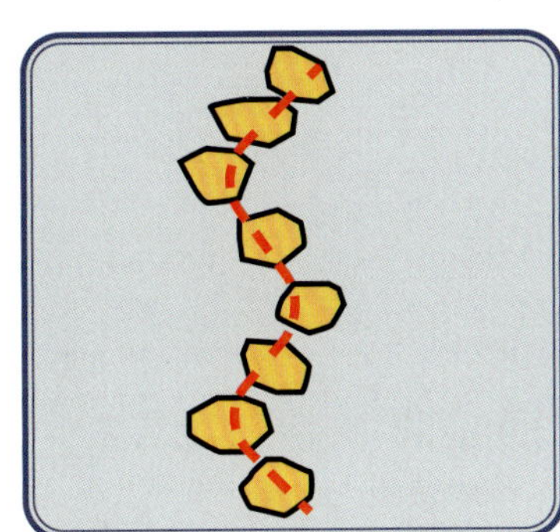

飞燕点

小专栏 定制异型铺贴方案

有些景观设计师对石板铺贴有特殊的样式要求，或者对施工细节把控得较为严格，但是这种项目依靠工人现场切割板材很难满足设计师的要求。因此建议前期将铺贴样式在电脑软件中设计好，找好可以定制的板材生产厂家。厂家会按照 CAD 图纸将每一块板材编号切割，材料被送到现场后，工人直接按照编号排列，拼图式安装即可。

这样做的优点是板材样式基本可以 1 ∶ 1 落地，缺点是成本会相应增加。

异型石材拼贴

▶ 屋顶绿化

1. 屋顶绿化构造剖视图

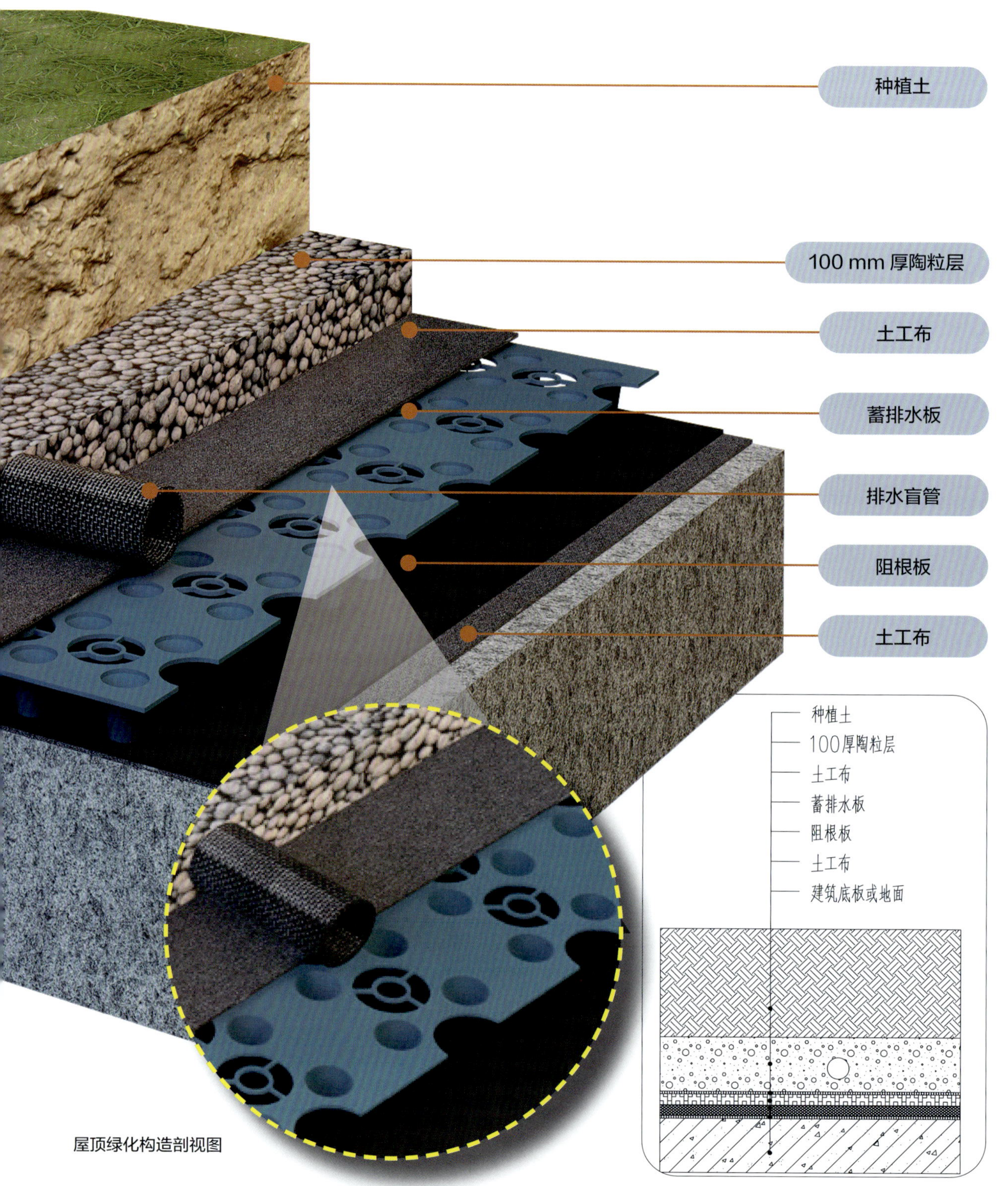

屋顶绿化构造剖视图

2. 什么是蓄排水板

蓄排水板是一种具有一定支撑强度又可蓄水、排水的轻型板材。铺设时将蓄排水板杯状口朝上铺设，齿孔相扣。它既解决了屋顶积水无法排泄的问题，又降低了缺水区域人工浇灌的成本。

蓄排水板

小专栏　屋顶绿化的承重限制

因为屋顶楼板承重有限，所以施工前应核对原建筑的荷载能力。种植深度则根据植物类型而定。基质可以使用营养土、草炭、膨胀蛭石、膨胀珍珠岩和经过发酵处理的动物粪便等材料，按一定的比例混合配制而成。

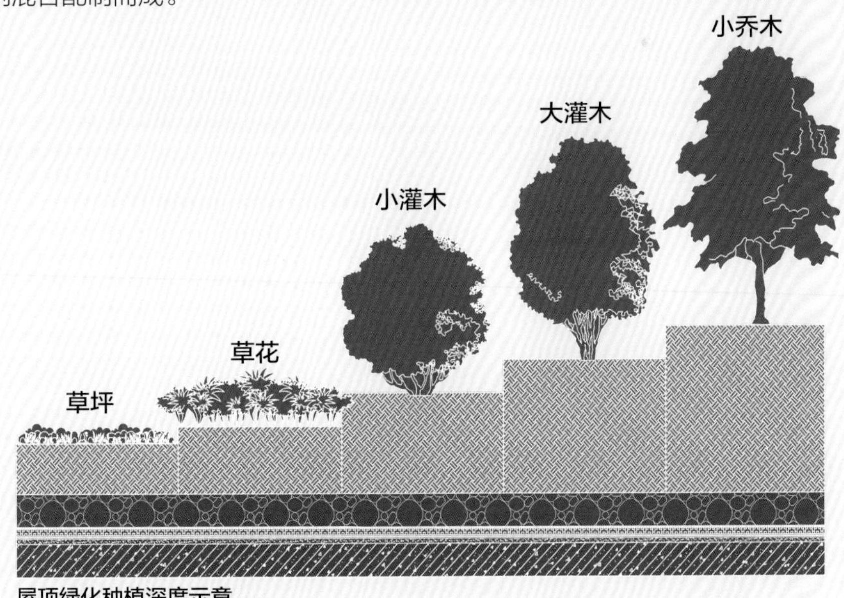

屋顶绿化种植深度示意

种植深度：	150 mm	200 mm	300 mm	400 mm	600 mm
承重限制：	＞240 kg/m^2	＞315 kg/m^2	＞465 kg/m^2	＞615 kg/m^2	＞865 kg/m^2

庭院台阶

1. 庭院台阶构造剖视图

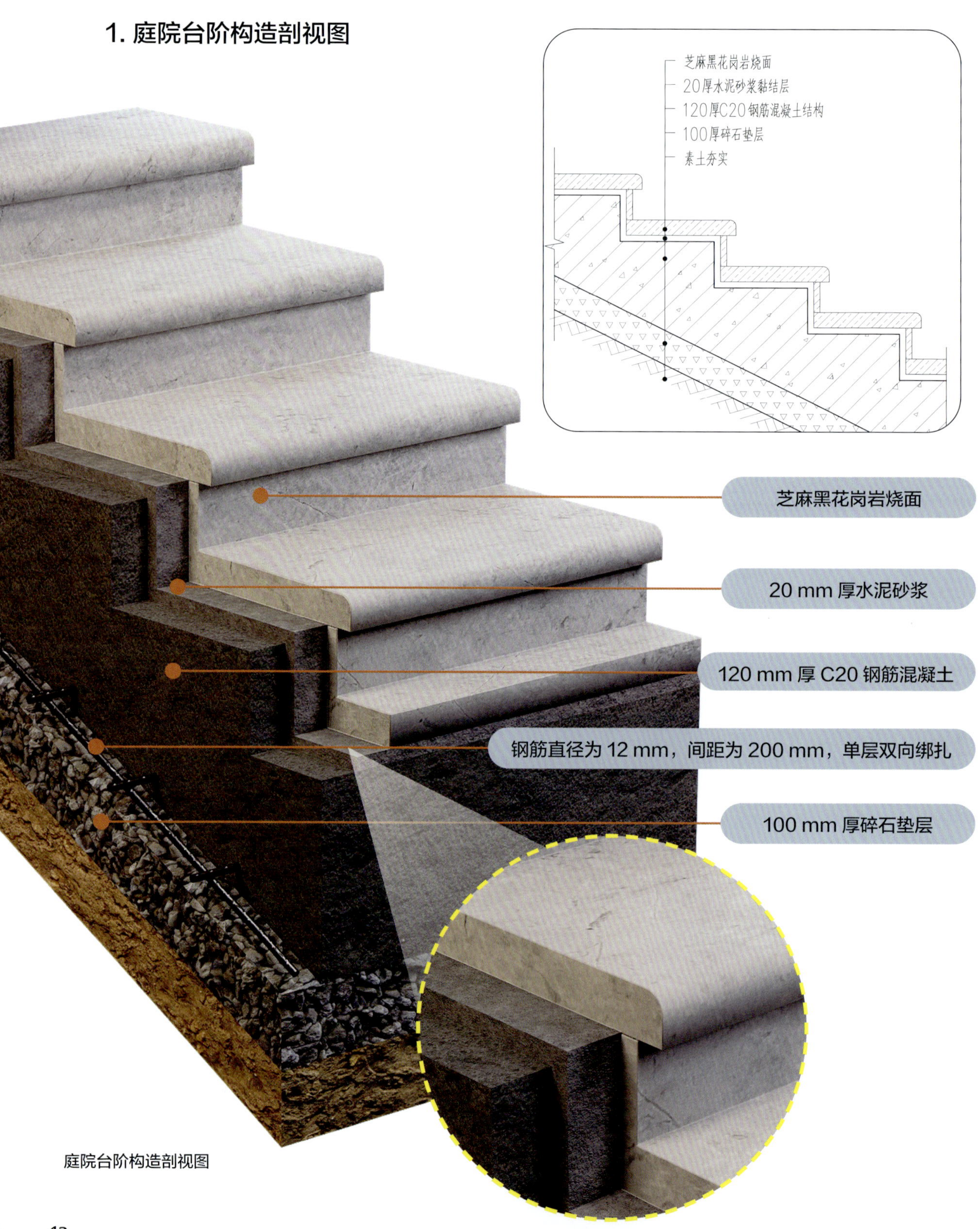

庭院台阶构造剖视图

2. 台阶的常见做法

暗藏灯带款

立砖收边款

整石悬浮款

石材拉槽款

1.3 排水工程

▶ 线形排水沟分类

线形排水沟是一种用于排水和收集表面水的设施，其特点在于外观设计呈线形样式。这种排水沟又被称为缝隙式排水沟。根据结构可以分为中缝款和侧缝款。此外，根据盖板上线形装饰的数量，还可以进一步分为单缝、双缝、三缝等。

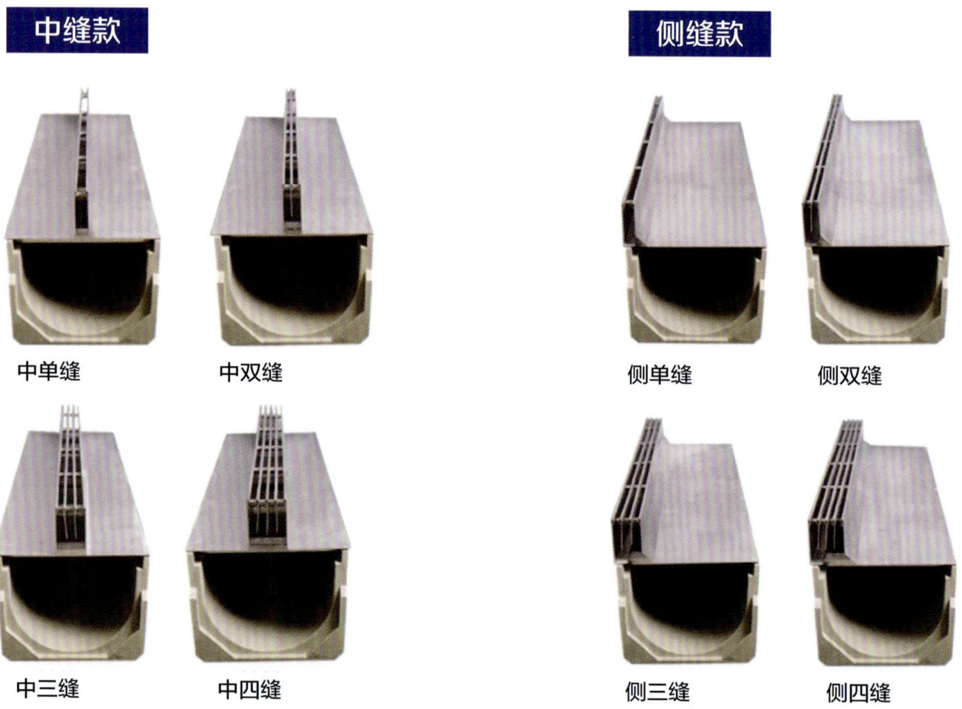

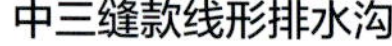
中三缝款线形排水沟

侧双缝款线形排水沟

地面铺装
水泥砂浆结合层
侧缝款线形排水沟
成品树脂排水沟
100 mm 厚 C20 素混凝土垫层
地面铺装
水泥砂浆结合层
成品树脂排水沟
100厚C20素混凝土垫层
碎石垫层
素土夯实

线形排水沟构造剖视图

▶ 明沟排水

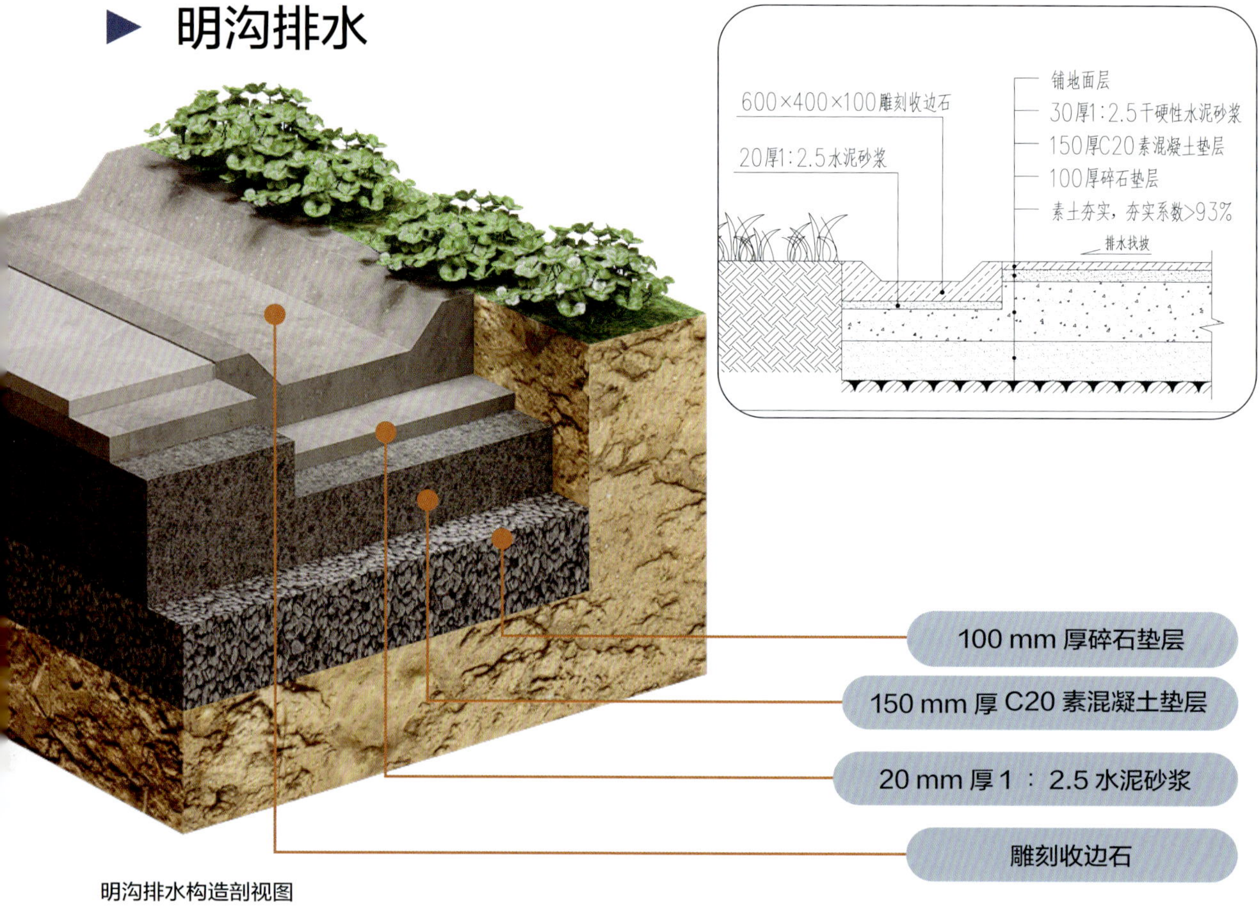

600×400×100雕刻收边石
20厚1:2.5水泥砂浆
铺地面层
30厚1:2.5干硬性水泥砂浆
150厚C20素混凝土垫层
100厚碎石垫层
素土夯实，夯实系数>93%
排水找坡

100 mm 厚碎石垫层
150 mm 厚 C20 素混凝土垫层
20 mm 厚 1 ： 2.5 水泥砂浆
雕刻收边石

明沟排水构造剖视图

微缝明沟排水

明沟排水

▶ 暗沟排水

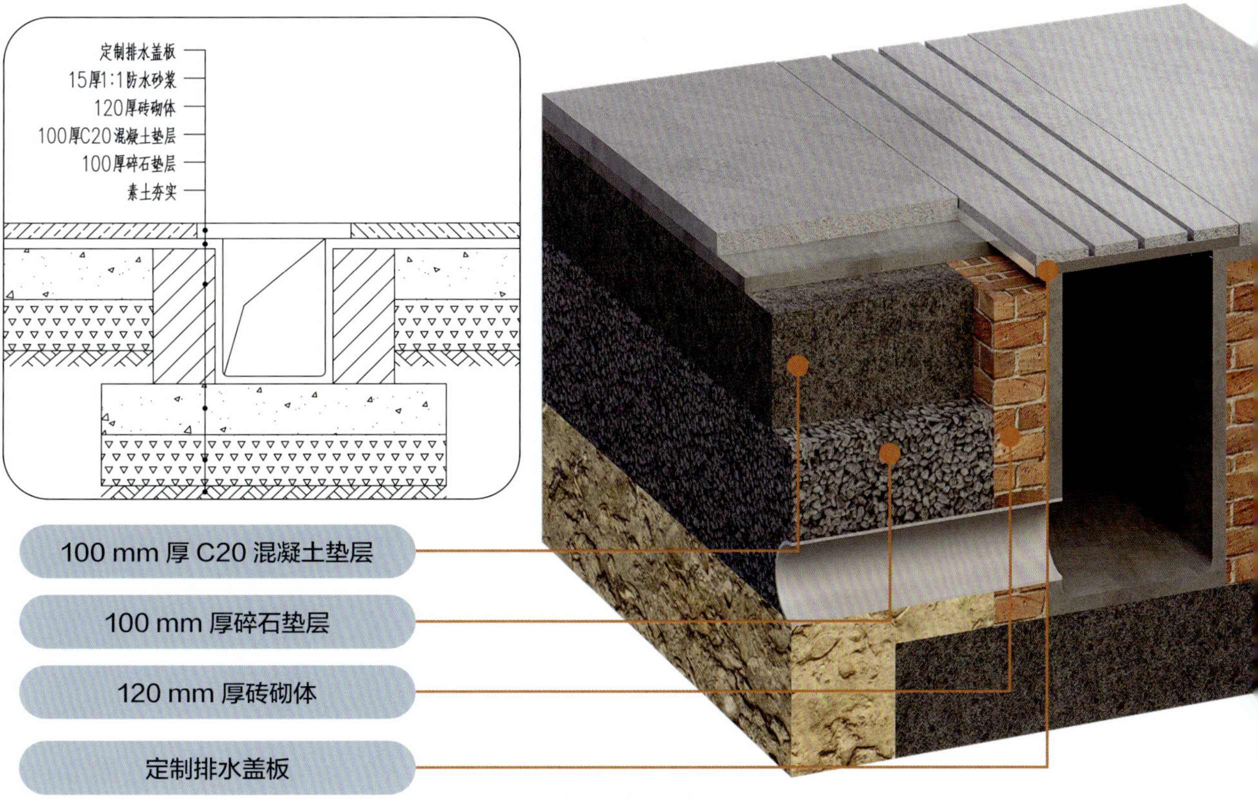

定制排水盖板
15厚1:1防水砂浆
120厚砖砌体
100厚C20混凝土垫层
100厚碎石垫层
素土夯实

100 mm 厚 C20 混凝土垫层

100 mm 厚碎石垫层

120 mm 厚砖砌体

定制排水盖板

暗沟排水构造剖视图

定制排水盖板（一）

定制排水盖板（二）

卵石暗沟排水

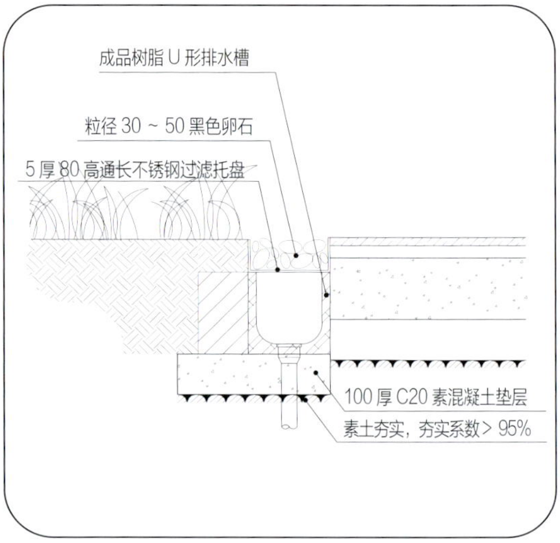

成品树脂 U 形排水槽
粒径 30 ~ 50 黑色卵石
5 厚 80 高通长不锈钢过滤托盘
100 厚 C20 素混凝土垫层
素土夯实，夯实系数> 95%

不锈钢过滤托盘
成品树脂 U 形排水管槽
100 mm 厚 C20 素混凝土垫层
散铺黑色鹅卵石

卵石暗沟排水构造剖视图

雨花石覆盖

深色鹅卵石覆盖

卵石明沟排水

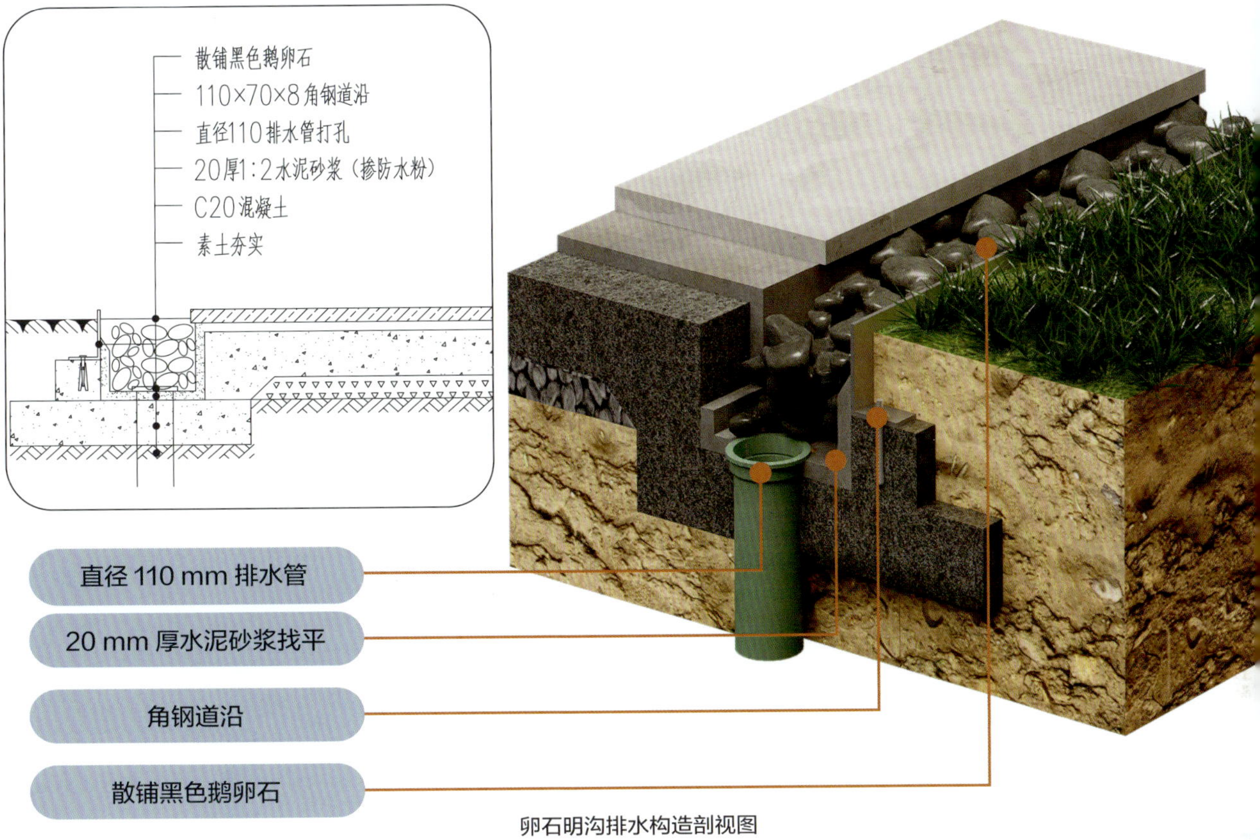

散铺黑色鹅卵石
110×70×8角钢道沿
直径110排水管打孔
20厚1:2水泥砂浆（掺防水粉）
C20混凝土
素土夯实

直径 110 mm 排水管
20 mm 厚水泥砂浆找平
角钢道沿
散铺黑色鹅卵石

卵石明沟排水构造剖视图

砾石排水沟

鹅卵石排水沟

▶ 草坪地漏排水

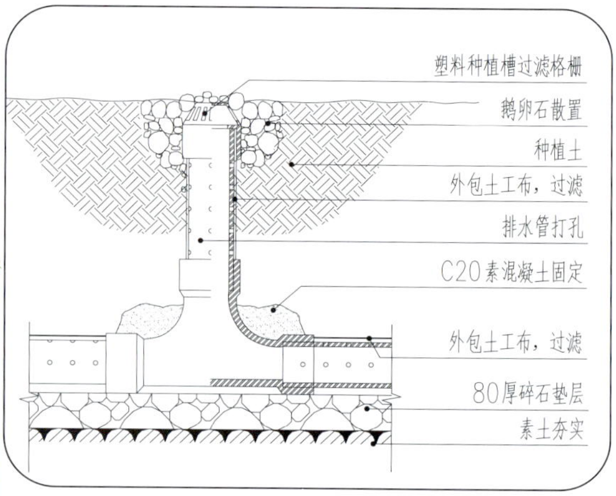

塑料种植槽过滤格栅
鹅卵石散置
种植土
外包土工布，过滤
排水管打孔
C20素混凝土固定
外包土工布，过滤
80厚碎石垫层
素土夯实

塑料种植槽过滤格栅
鹅卵石散置
外包土工布
PVC 排水管打孔

草坪地漏排水构造剖视图

金属过滤格栅

塑料过滤格栅

海绵湿地排水

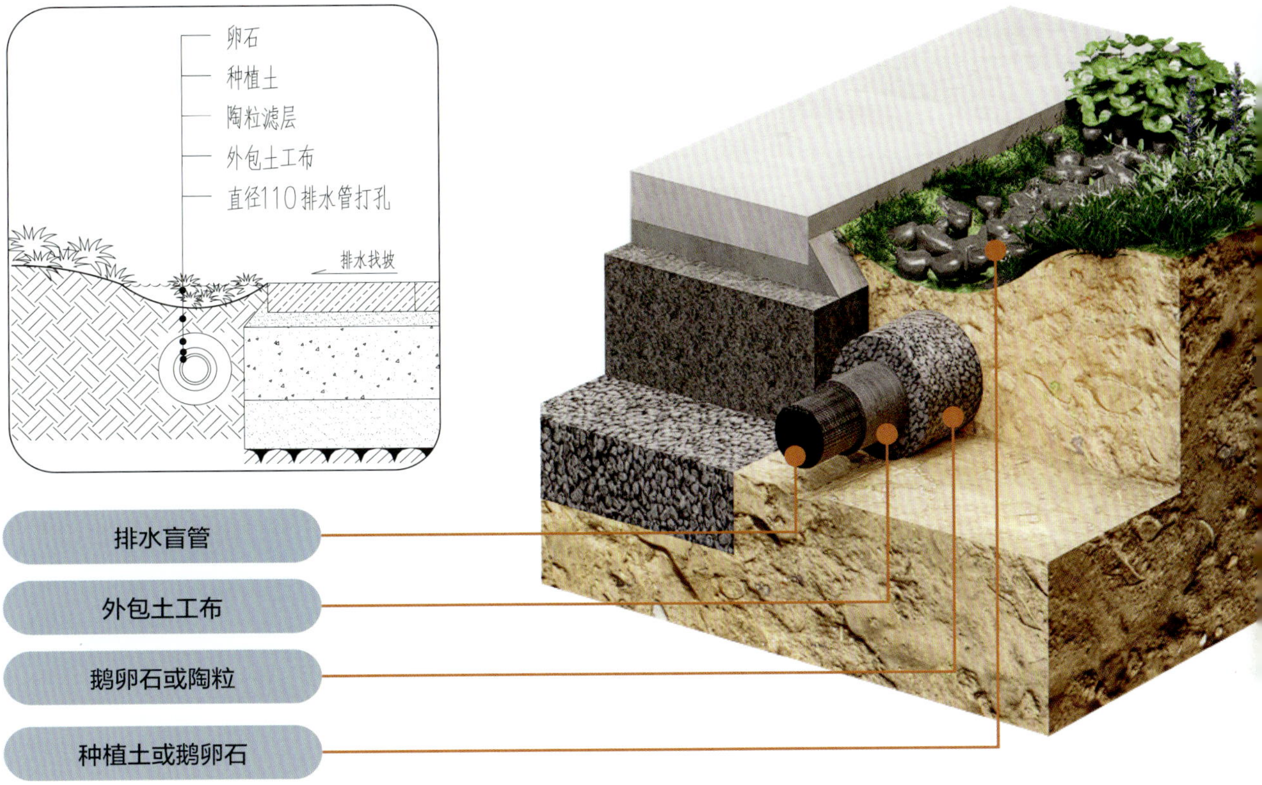

卵石
种植土
陶粒滤层
外包土工布
直径110排水管打孔
排水找坡

排水盲管
外包土工布
鹅卵石或陶粒
种植土或鹅卵石

海绵湿地排水构造剖视图

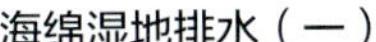

海绵湿地排水（一）

海绵湿地排水（二）

排水盲管的作用及施工流程

1. 排水盲管的作用

排水盲管是将热塑性合成树脂加热熔化后通过喷嘴挤压出纤维丝叠置在一起的三维立体多孔材料，是一种重要的排水设施。排水盲管的作用是当土壤里的水分达到饱和而自然排水无法解决时，使多余的水有处可排，能有效防止积水对基础设施的损害，也有助于维护地基的干燥和稳定。

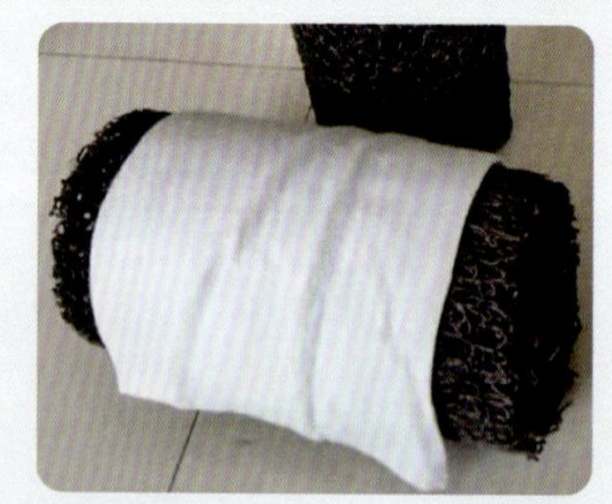

排水盲管

2. 排水盲管的施工流程

庭院排水盲管的施工流程主要包括以下几个步骤：开挖排水管道（通常深度为 30 cm）、铺设碎石垫层、铺设排水盲管和回填排水管道。

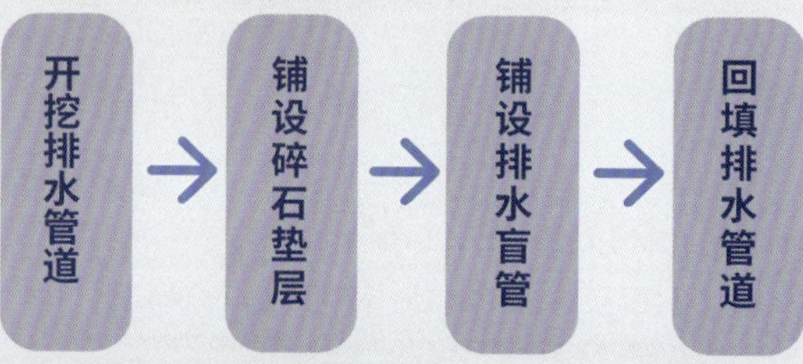

盲沟构造剖视图

盲管铺设

小专栏 小众铺地材料推荐

◎枕木

枕木是铺在铁轨下的木材，制作材料通常包括软木、云杉木和橡木等。软木具有较好的防腐性能。经过时间的打磨，既保留了木材本身的自然质感，又有时间的厚重感。枕木质感粗糙，是打造自然禅意风、复古风庭院的理想选择。

枕木

◎格栅板

格栅板是一种既实用又充满设计感的材料，适用于户外或者大面积的庭院道路，以及一些低造价的区域。除了常见的金属材质，格栅板也有塑料的，其透水性和通风性良好，适合潮气比较重的环境。

格栅板

◎水泥砂浆

水泥砂浆地面是通过平滑素雅的表面基底打造出一体成型的铺装，让空间看起来富有整体感，适合现代、禅意等风格的庭院，造价比普通铺砖低很多。

水泥砂浆

◎木炭

木炭是一种冷门但极具装饰性的材料，表面通体黑色，能为空间带来神秘、深邃的氛围，适用于日式禅意风格的庭院，能为庭院空间带来意想不到的效果。

木炭

2

景观构筑物

PART 2

2.1 庭院门头
2.2 庭院凉亭
2.3 庭院景墙
2.4 庭院卡座
2.5 庭院操作台
2.6 庭院花池

2.1 庭院门头

▶ 门头的功能和分类

庭院门头作为庭院景观设计的一部分具有多重功能，不仅涉及安全性和私密性，还关乎美观性和实用性。下面是庭院门头的功能和分类。

1. 门头的功能

交通功能：门头作为连接内外空间的通道，承担着人员进出的主要功能。

过渡功能：在庭院设计中，门头常常是空间转换的过渡地带，帮助引导视线和人流，形成从外部到内部的过渡效果。

装饰功能：门头设计可融入美学元素，比如雕花、图案等个性化装饰，在视觉上起到画龙点睛的作用。

象征功能：在中国传统建筑中，门头往往具有深刻的象征意义，在一定程度上反映了社会等级和文化价值观。

2. 门头的分类

按设计风格：可分为传统中式、现代简约、欧式古典等风格，每种风格的门头在造型、色彩和材料选择上都有所不同，可适应业主不同的审美需求。

按使用材料：常见的材料包括木材、石材、金属等，不同材料的门头在耐用性、维护成本和环境适应性方面各有优势。

按文化背景：门头不仅是建筑的一部分，更是文化和历史的载体。例如，明清时期的门头装饰特点就体现了当时的社会阶级观念和文化理念。

L 形门头（一）

一字形门头（一）

一字形门头（二）

L 形门头（二）

▶ 极简金属门头

1. 场景展示

投影面积为 4.2 m × 1.6 m，以铝合金材质为主，适用于现代风格的庭院，造价为两三万元（不含人工安装费）。

极简金属门头应用场景

100 mm × 20 mm × 4 mm 防腐木内嵌
暗藏灯带
2 mm 厚深棕色铝板外包
定制格栅推拉门
艺术筒灯
米白色仿石漆面
双面镂空砖

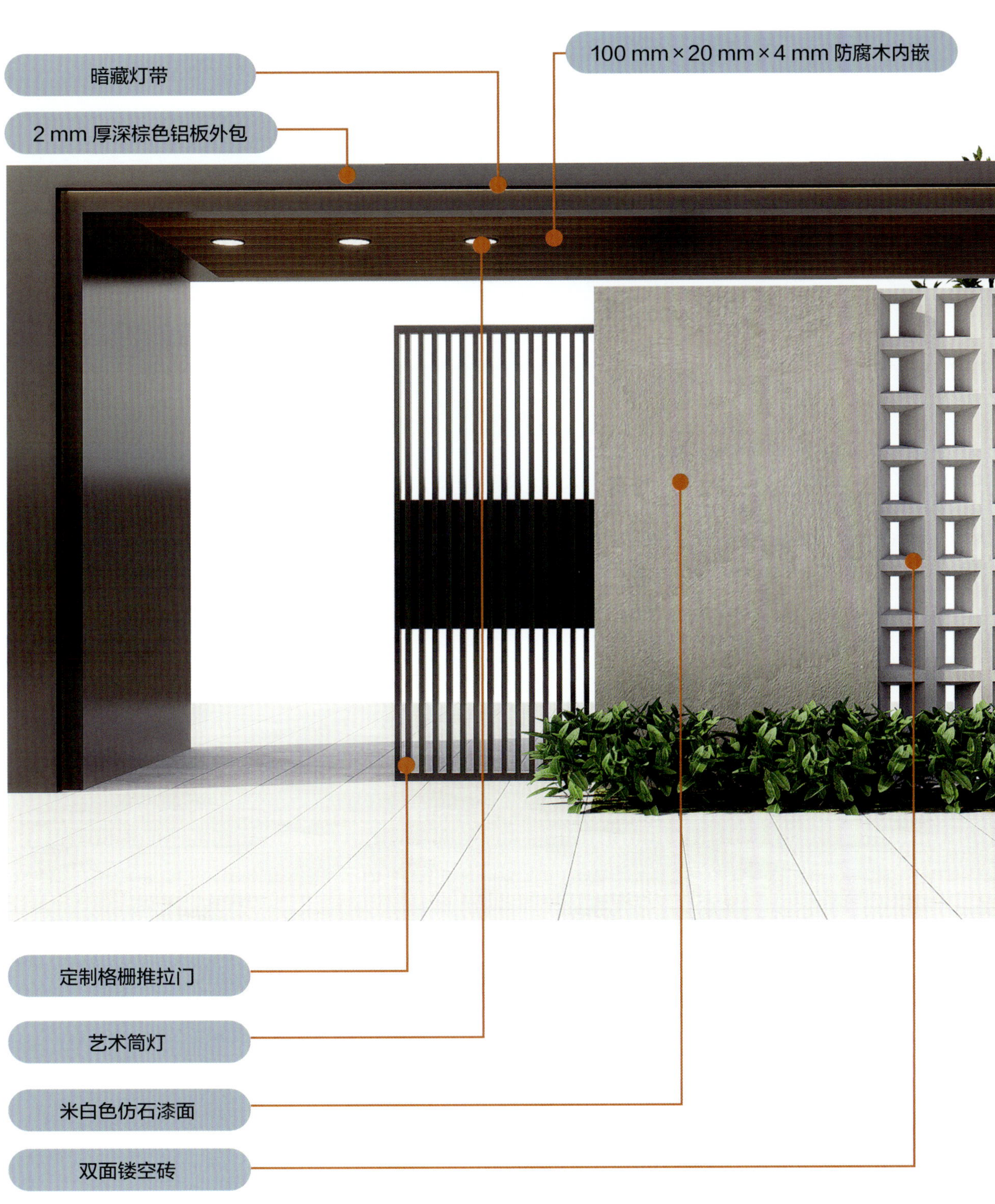

极简金属门头立面图

2. 构造剖视图

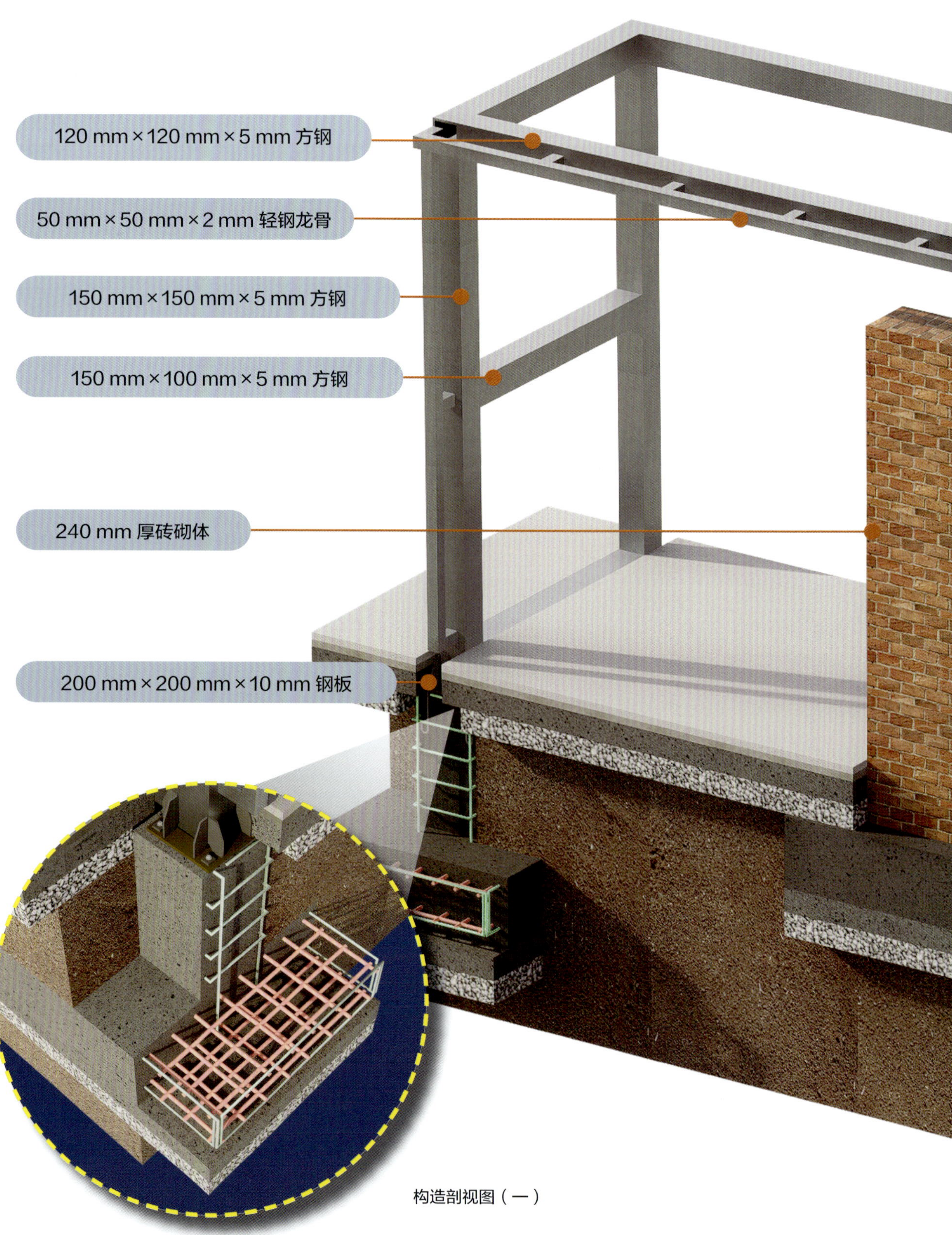

构造剖视图（一）

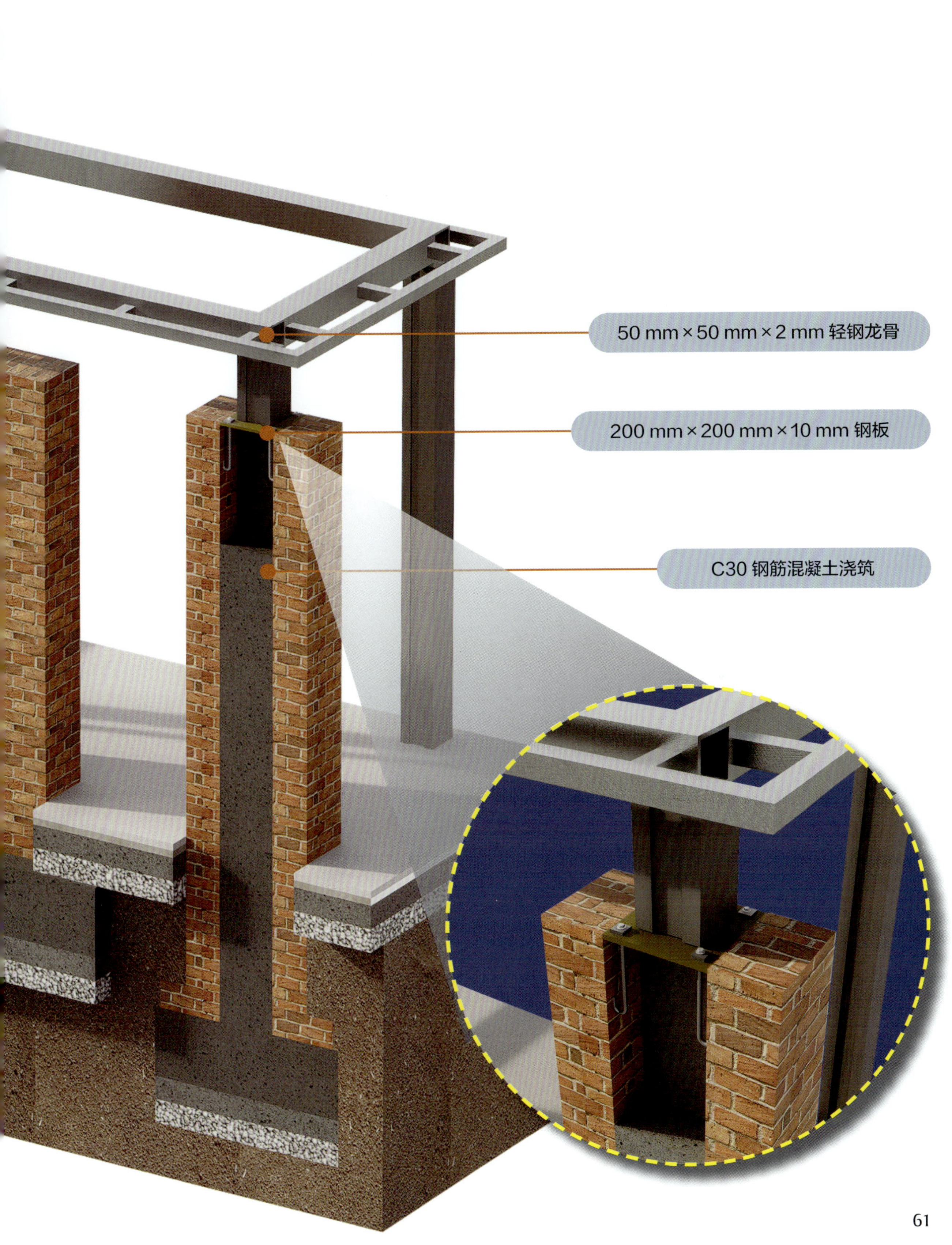

50 mm × 50 mm × 2 mm 轻钢龙骨
200 mm × 200 mm × 10 mm 钢板
C30 钢筋混凝土浇筑

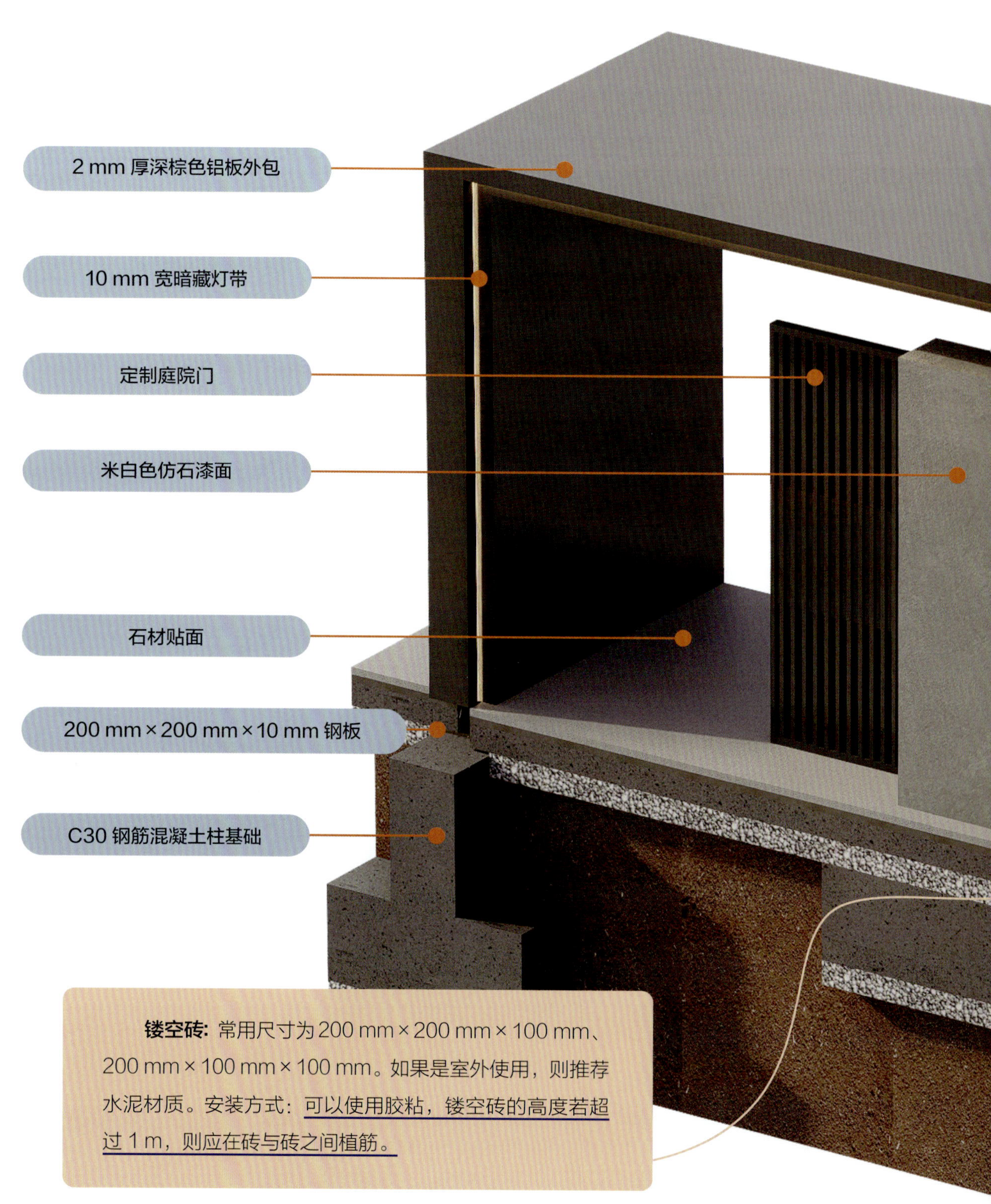

镂空砖: 常用尺寸为 200 mm × 200 mm × 100 mm、200 mm × 100 mm × 100 mm。如果是室外使用，则推荐水泥材质。安装方式：可以使用胶粘，镂空砖的高度若超过 1 m，则应在砖与砖之间植筋。

构造剖视图（二）

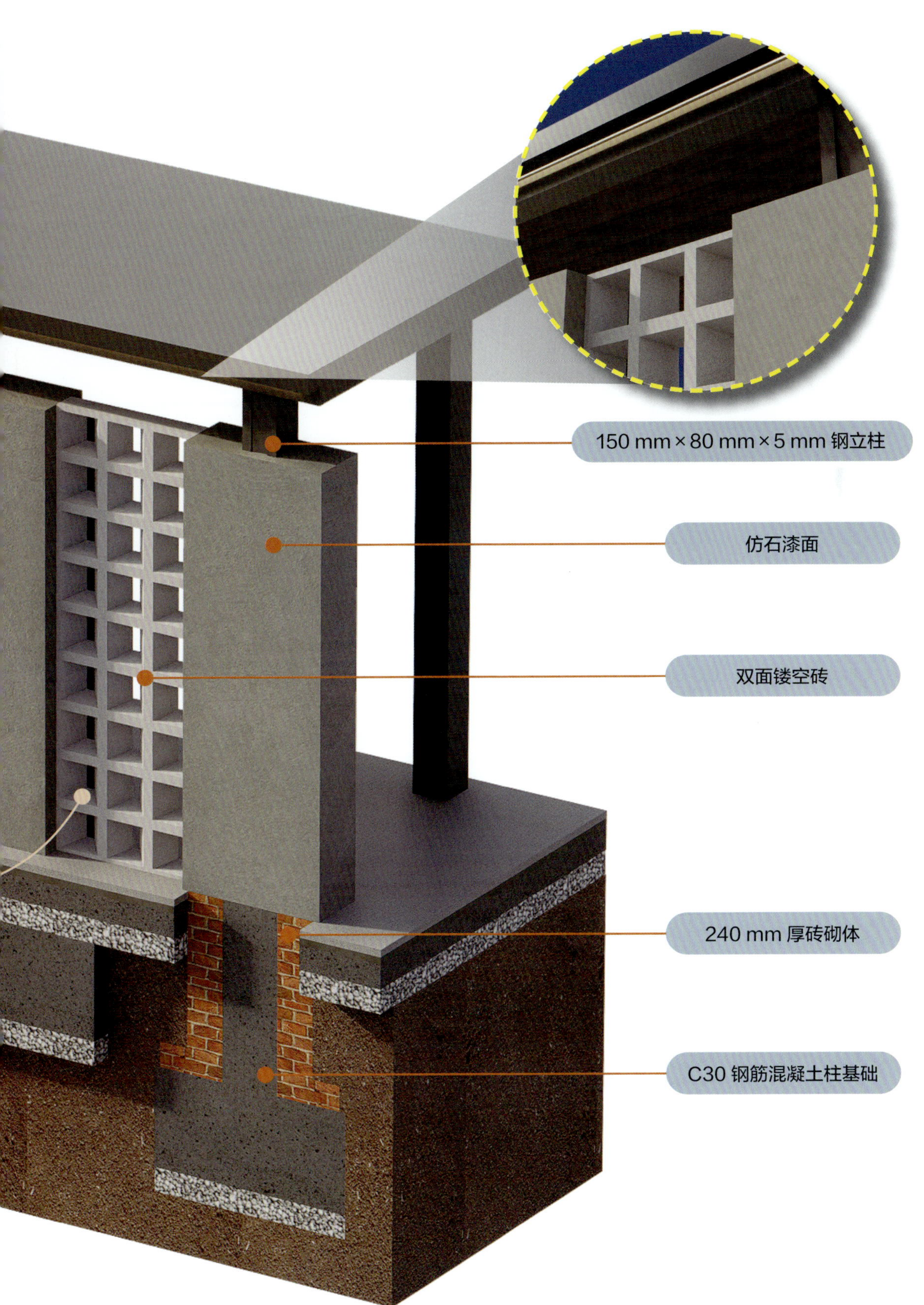
150 mm × 80 mm × 5 mm 钢立柱
仿石漆面
双面镂空砖
240 mm 厚砖砌体
C30 钢筋混凝土柱基础

3. 尺寸细节

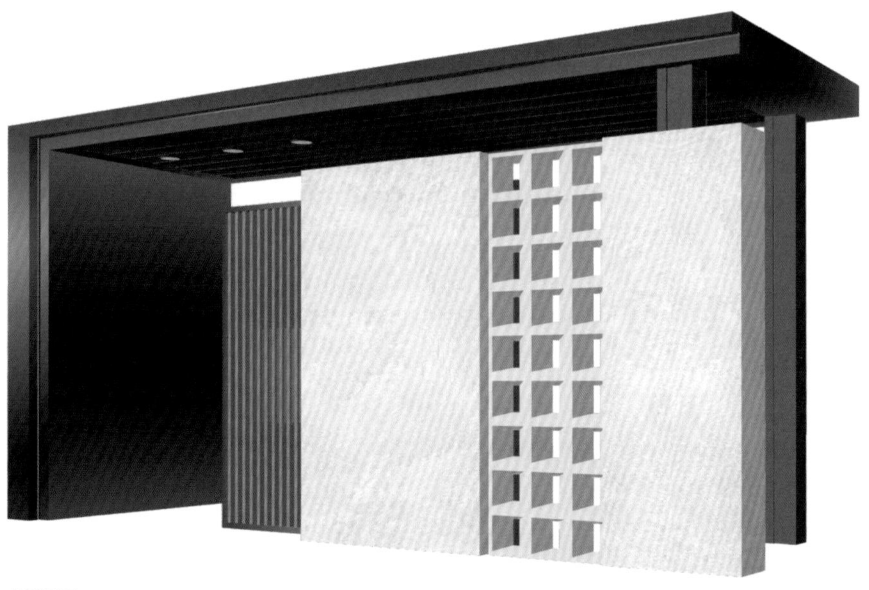

透视图

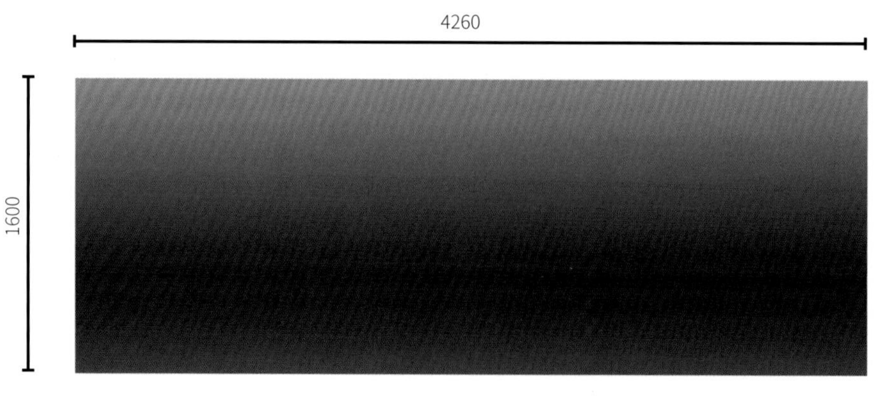

顶视图

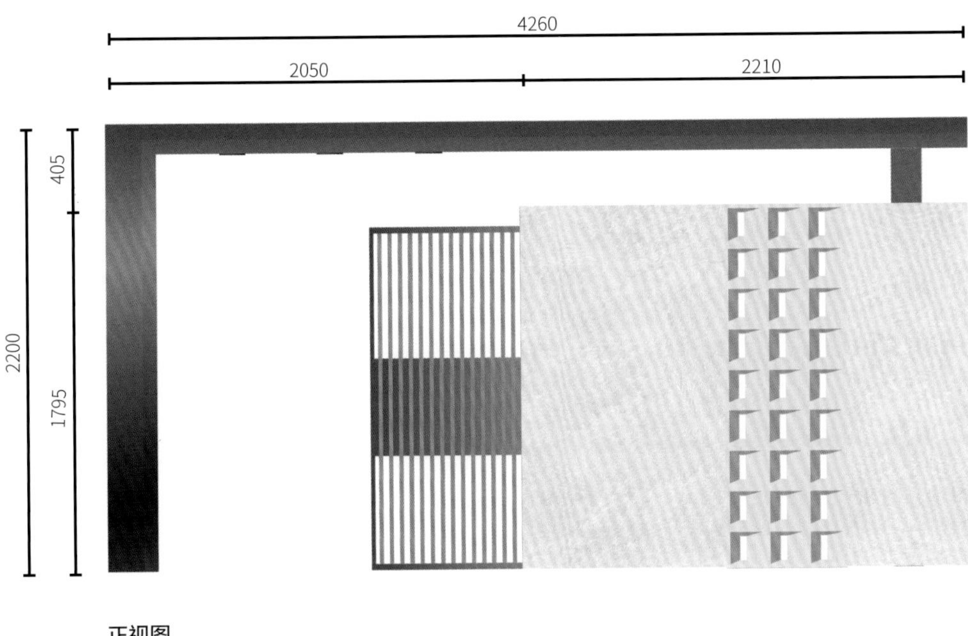

正视图

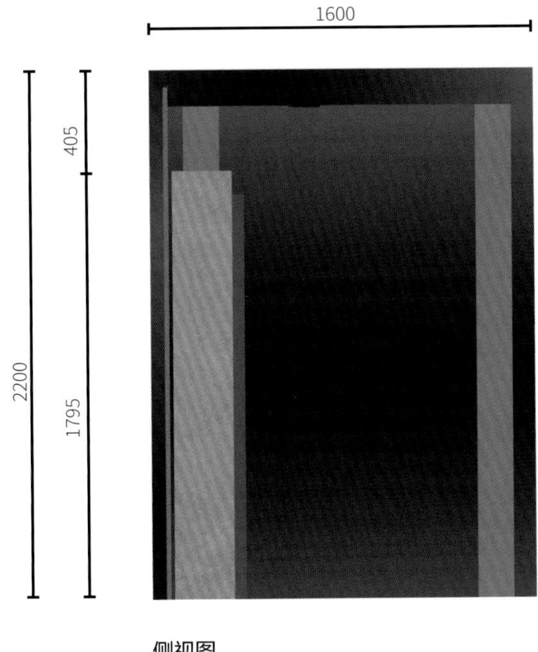

侧视图

2.2 庭院凉亭

▶ 凉亭的分类

凉亭在现代庭院设计中扮演着重要的角色，不仅是庭院中的景观要素，提供了休息和娱乐的场所，还为整个庭院增添了美感和实用性。

1. 按设计风格分类

现代简约风格凉亭：通常以钢结构为主要框架，搭配玻璃和格栅，用料考究，但非常简化，对材料的质感和色彩要求较高。

中式凉亭：将中式古典园林设计元素融入其中，具有传统的雕梁画栋和木结构特点。

欧式凉亭：通常采用石材、木材或金属等材质，结合欧式建筑的经典元素，比如雕花立柱、弧形穹顶、繁复的装饰线条等，营造出高贵典雅的氛围。

日式凉亭：注重简洁、自然和精致感，讲究意境的营造，避免人工斧凿的痕迹，创造出一种简朴清宁的境界。

2. 按结构材料分类

木结构凉亭：常见于中式、田园风格的庭院，基础通常需浇筑混凝土基座，防止木柱直接接触地面受潮，以木柱、木梁、木桁架为支撑主体，顶部可搭配瓦片、茅草等。

铝合金凉亭：常见于现代简约风格的庭院、屋顶露台，以及商业景观，多采用铝合金型材（方管、圆管），轻量化设计，线条简洁，可搭配玻璃顶或遮阳布。

混凝土凉亭：常见于欧式庭院、公共景观等，混凝土一体浇筑成型，稳定性极强，使用寿命可达 50 年以上，饰面可采用干挂石材，内部可搭配装饰感较强的石雕、吊灯等。

竹质凉亭：常见于民宿、小型自然风庭院，多采用原竹捆扎或竹集成材（现代工艺压制）搭建，顶部覆盖竹片、茅草，竹柱底部需做防腐处理。这种材料长期日晒雨淋易开裂、霉变，需定期维护。

防腐木凉亭

金属框架凉亭

凉亭内部

木结构凉亭

新中式金属凉亭

1. 场景展示

投影面积为 6.4 m×4.5 m，使用面积为 4.3 m×2.9 m，采用铝合金材质，适用于新中式风格的庭院，造价为 8 万～ 9 万元（不含人工安装费）。

新中式金属凉亭应用场景

2. 构造剖视图

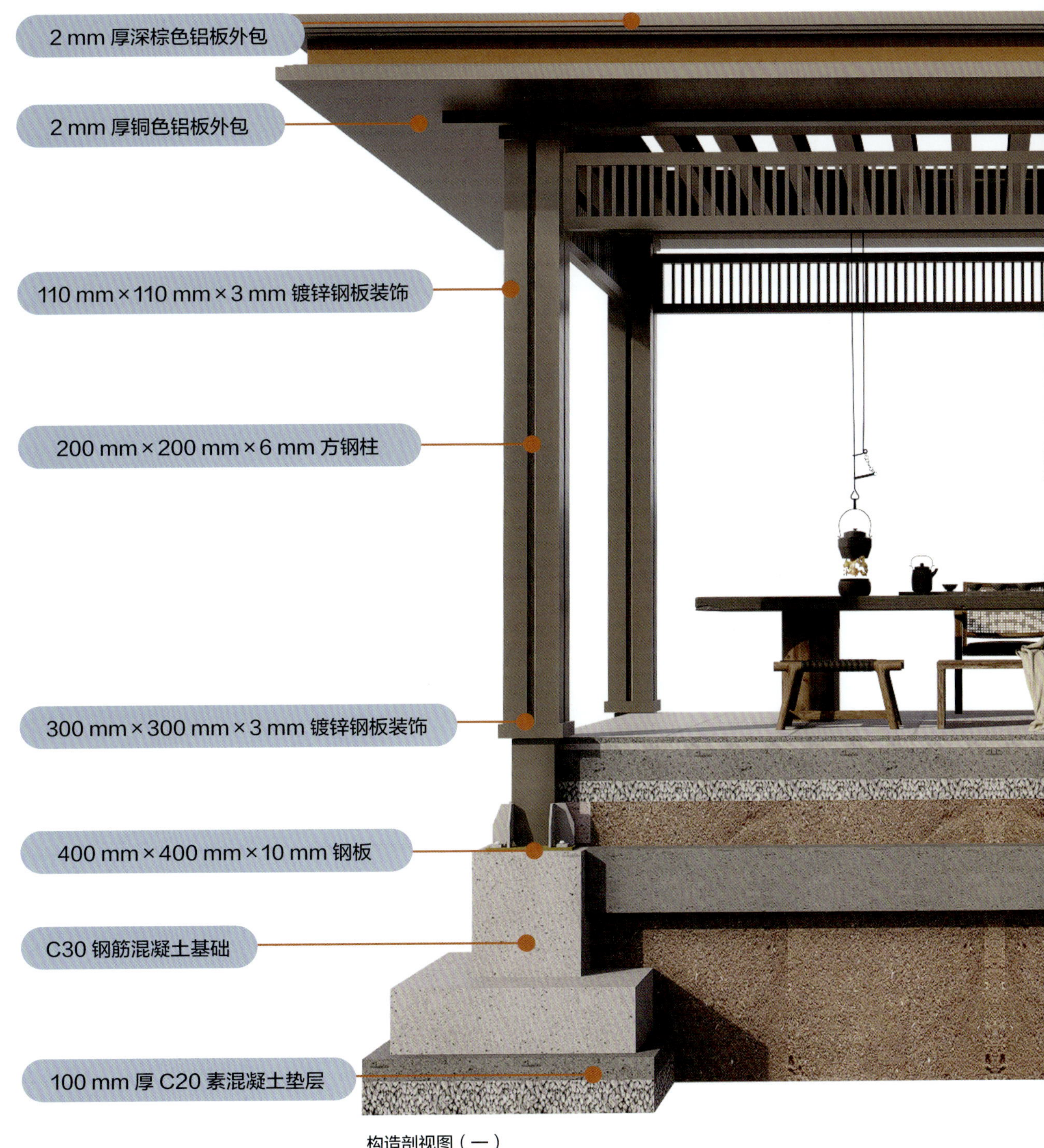

构造剖视图（一）

200 mm×300 mm×6 mm 方钢主梁，外喷深棕色漆
50 mm×50 mm×3 mm 方管
200 mm×200 mm×6 mm 方钢柱
300 mm×300 mm×3 mm 镀锌钢板装饰

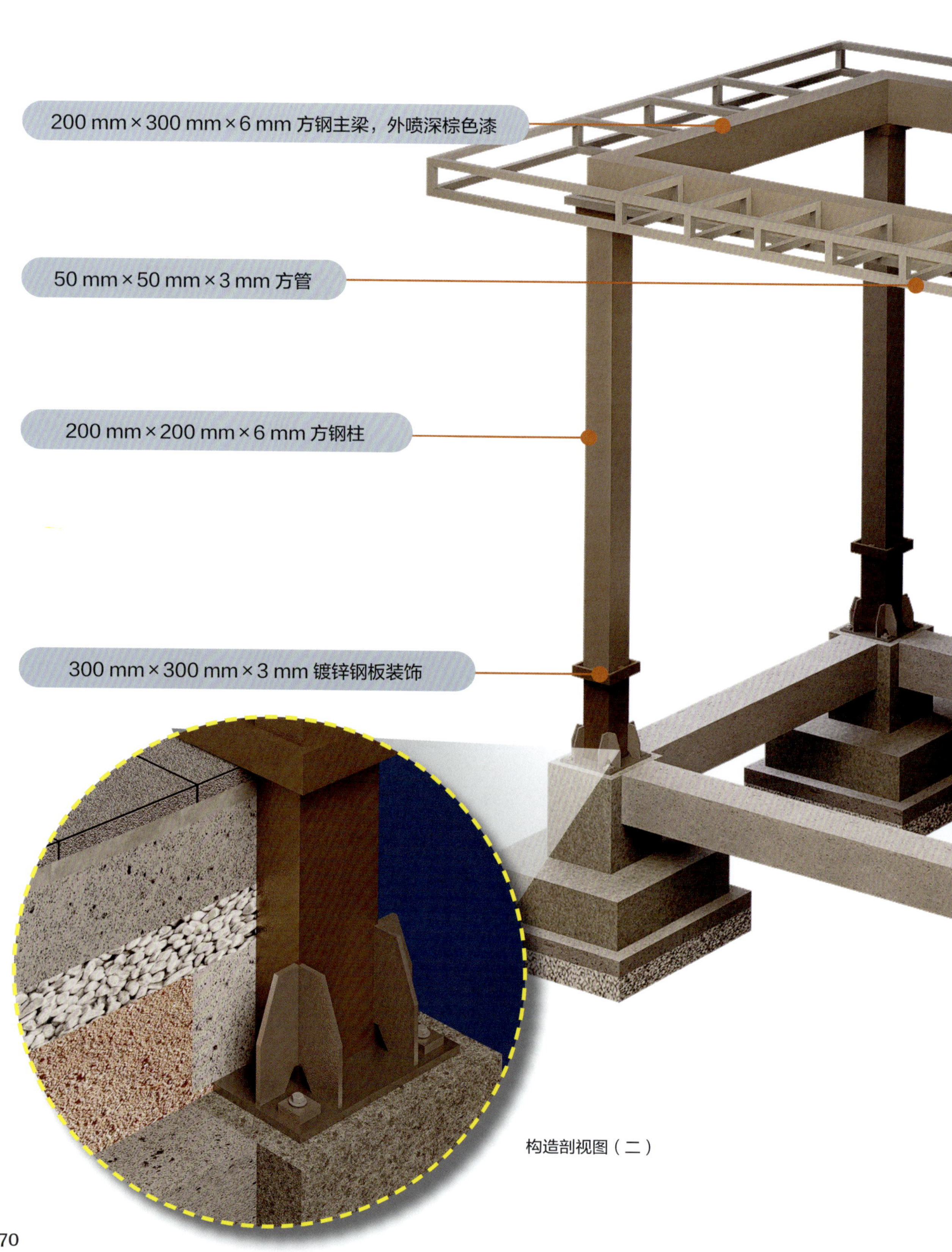

构造剖视图（二）

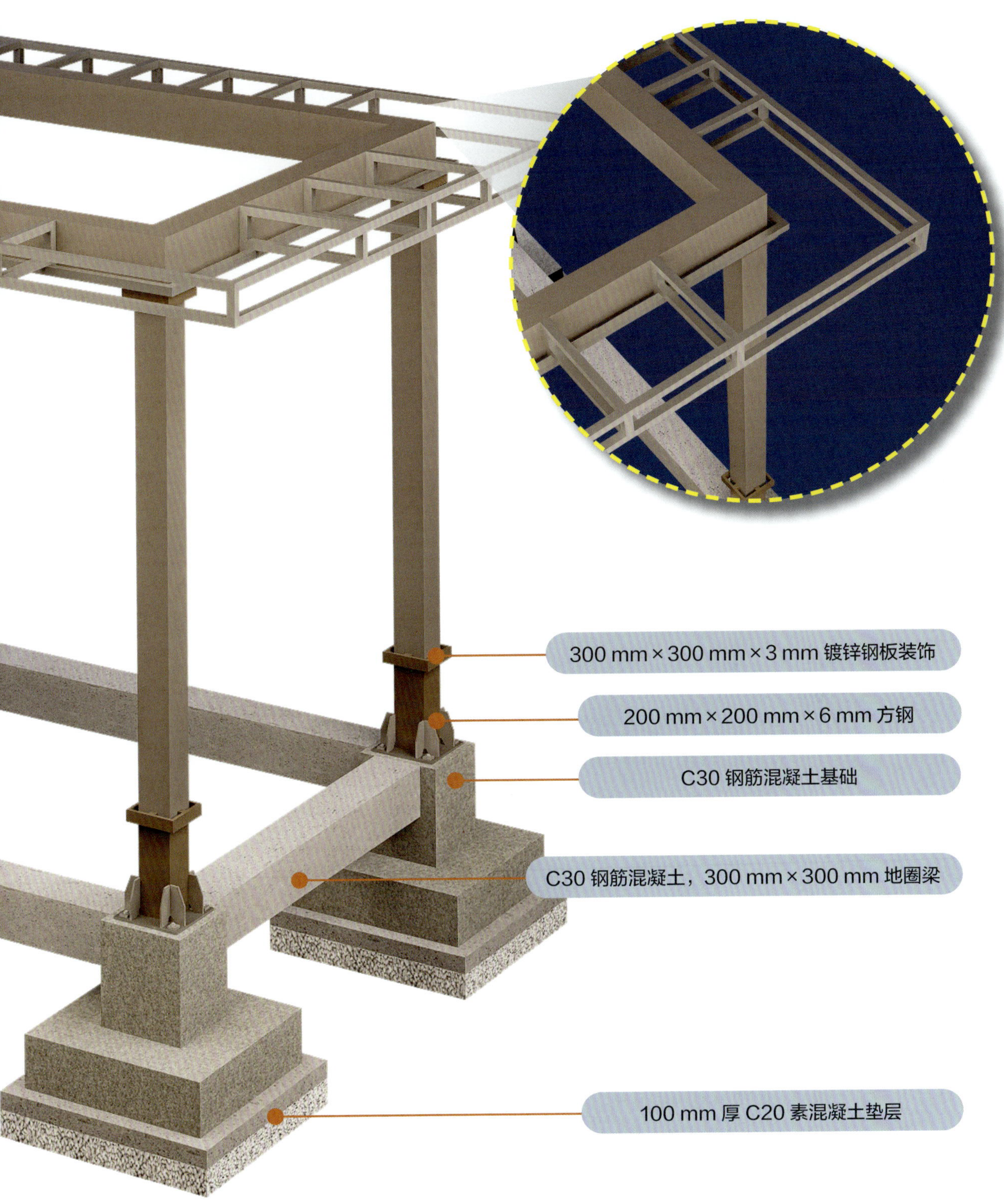
300 mm × 300 mm × 3 mm 镀锌钢板装饰
200 mm × 200 mm × 6 mm 方钢
C30 钢筋混凝土基础
C30 钢筋混凝土，300 mm × 300 mm 地圈梁
100 mm 厚 C20 素混凝土垫层

2 mm 厚铜色铝板外包
2 mm 厚深棕色铝板外包
20 mm × 30 mm × 1.5 mm 方管，间距 40 mm
60 mm × 60 mm × 3 mm 方管，外喷深棕色氟碳漆

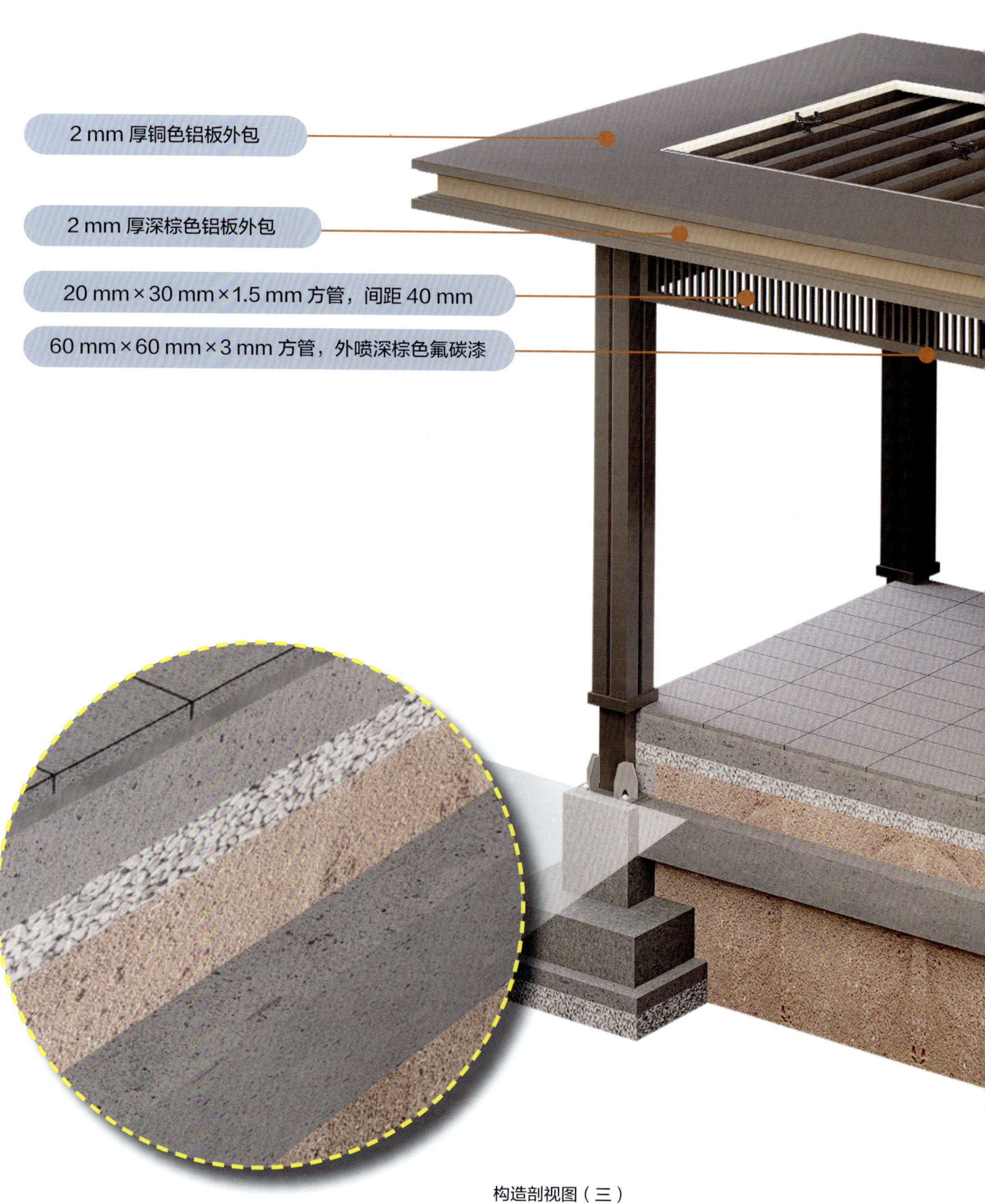

构造剖视图（三）

600 mm×600 mm×30 mm 芝麻灰铺装
30 mm 厚 1 ：3 水泥砂浆结合层
150 mm 厚 C20 混凝土垫层
100 mm 厚级配碎石垫层
素土夯实

3. 尺寸细节

透视图

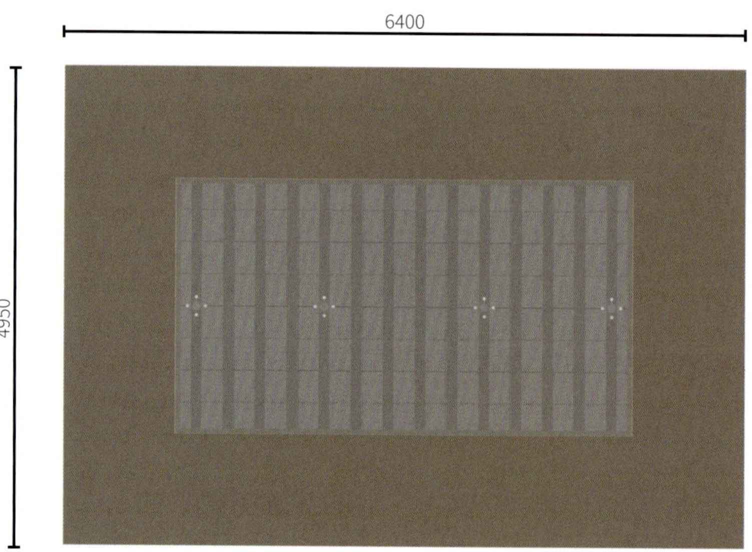

顶视图

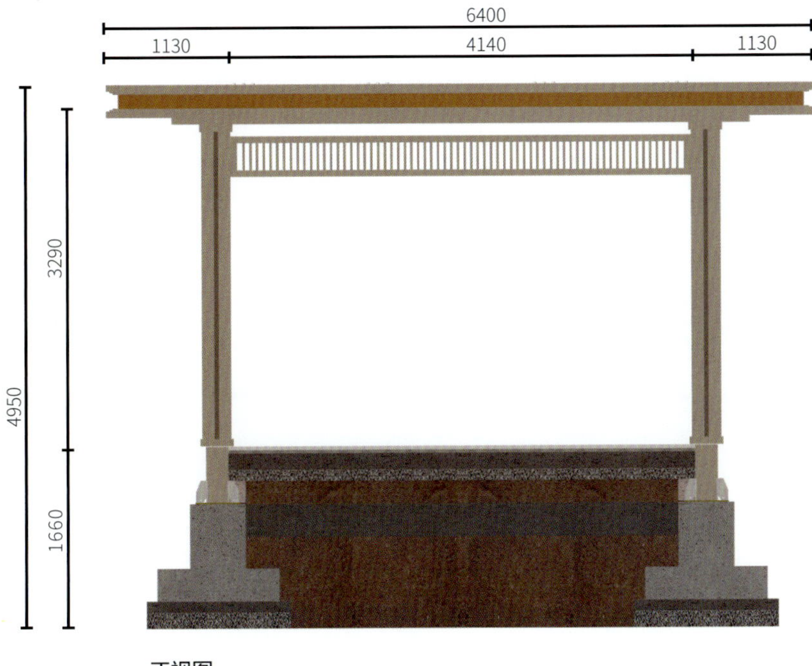

6400
1130
4140
1130
4950
3290
1660

4500
1130
2240
1130
4950
3290
1660

正视图

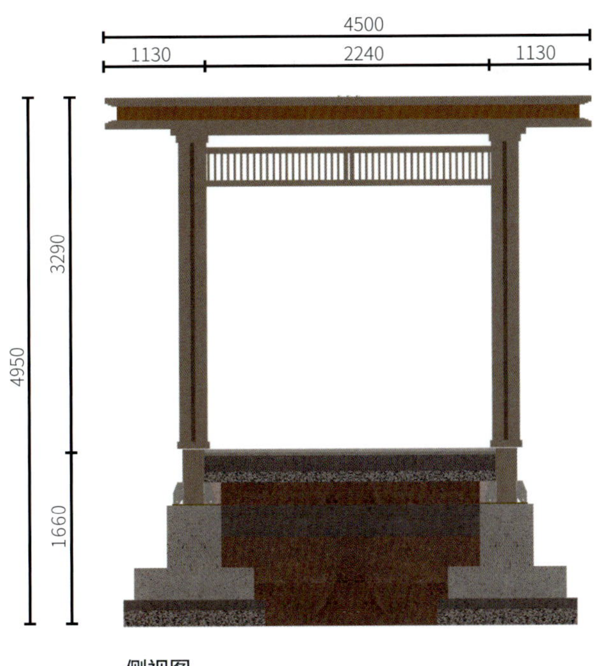

侧视图

▶ 日式金属凉亭

1. 场景展示

投影面积为 3.6 m × 4.7 m，使用面积为 3 m × 1.9 m，采用铝合金材质，适用于日式禅意风格的庭院，造价在 3 万 ~ 4 万元之间（不含人工安装费）。

日式金属凉亭应用场景

2. 构造剖视图

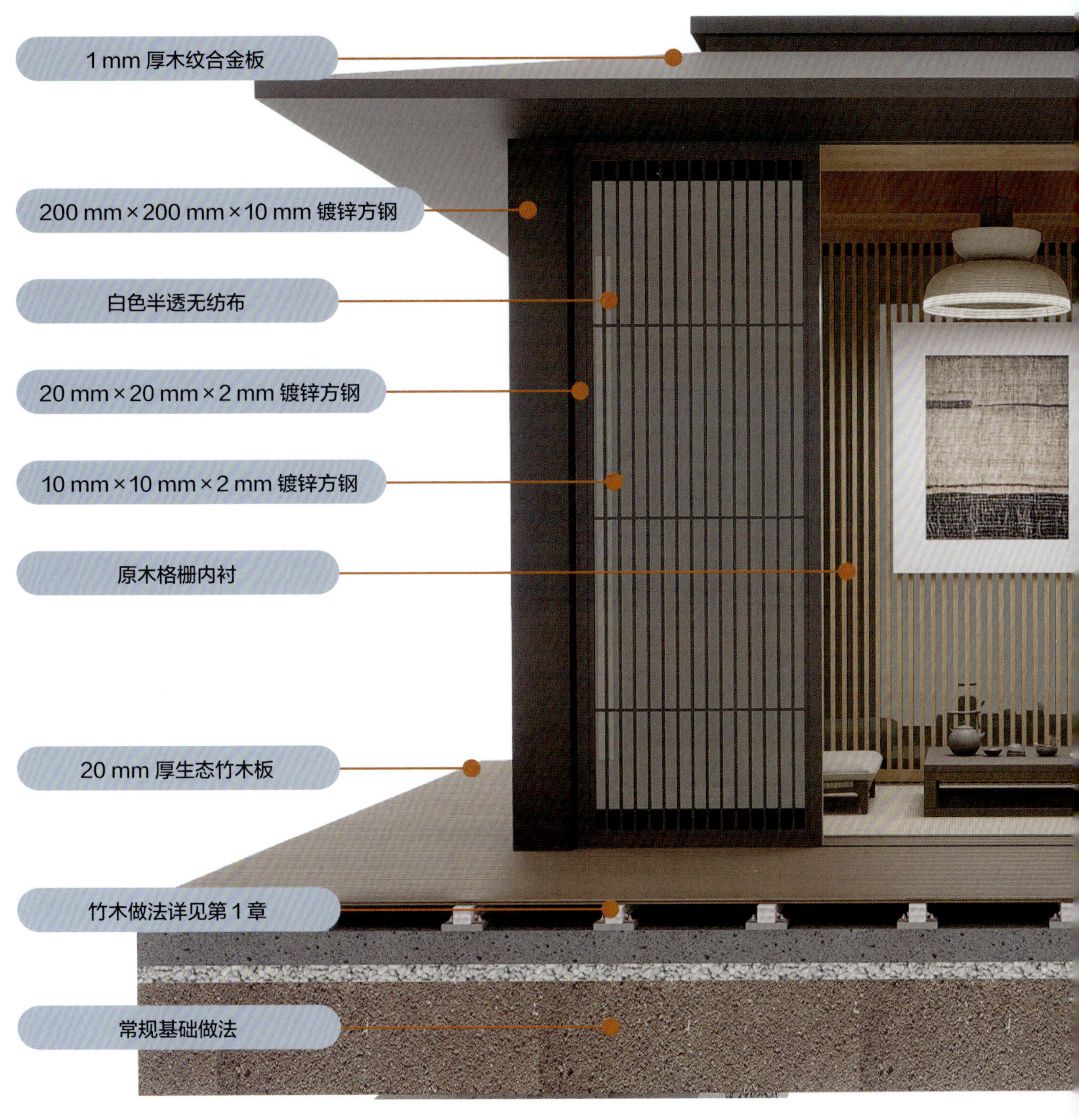

构造剖视图（一）

50 mm × 50 mm × 3 mm 镀锌方钢
100 mm × 100 mm × 5 mm 热镀锌钢
100 mm × 50 mm × 5 mm 镀锌矩形管
100 mm × 200 mm × 8 mm 镀锌矩形管
200 mm × 200 mm × 10 mm 镀锌方钢

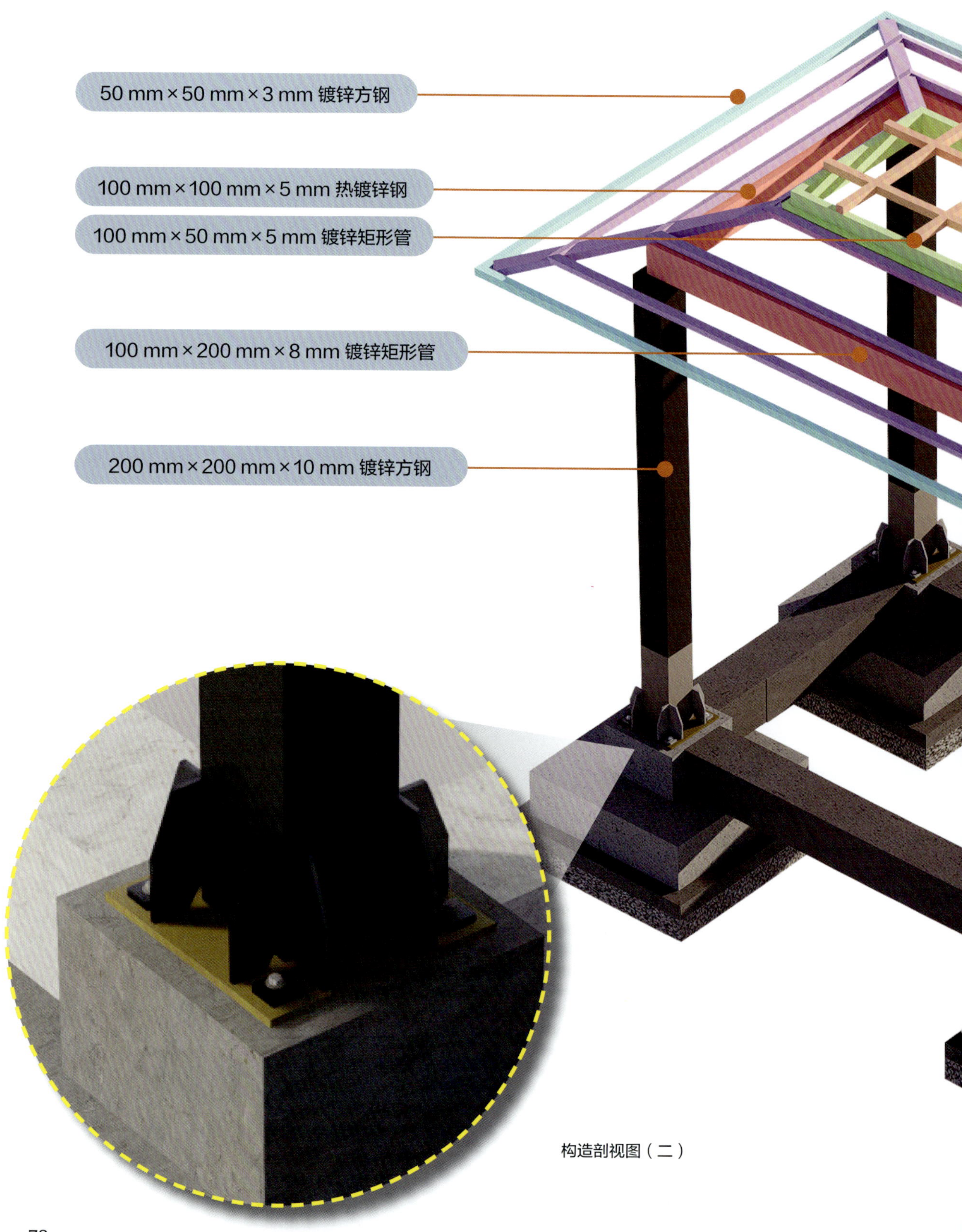

构造剖视图（二）

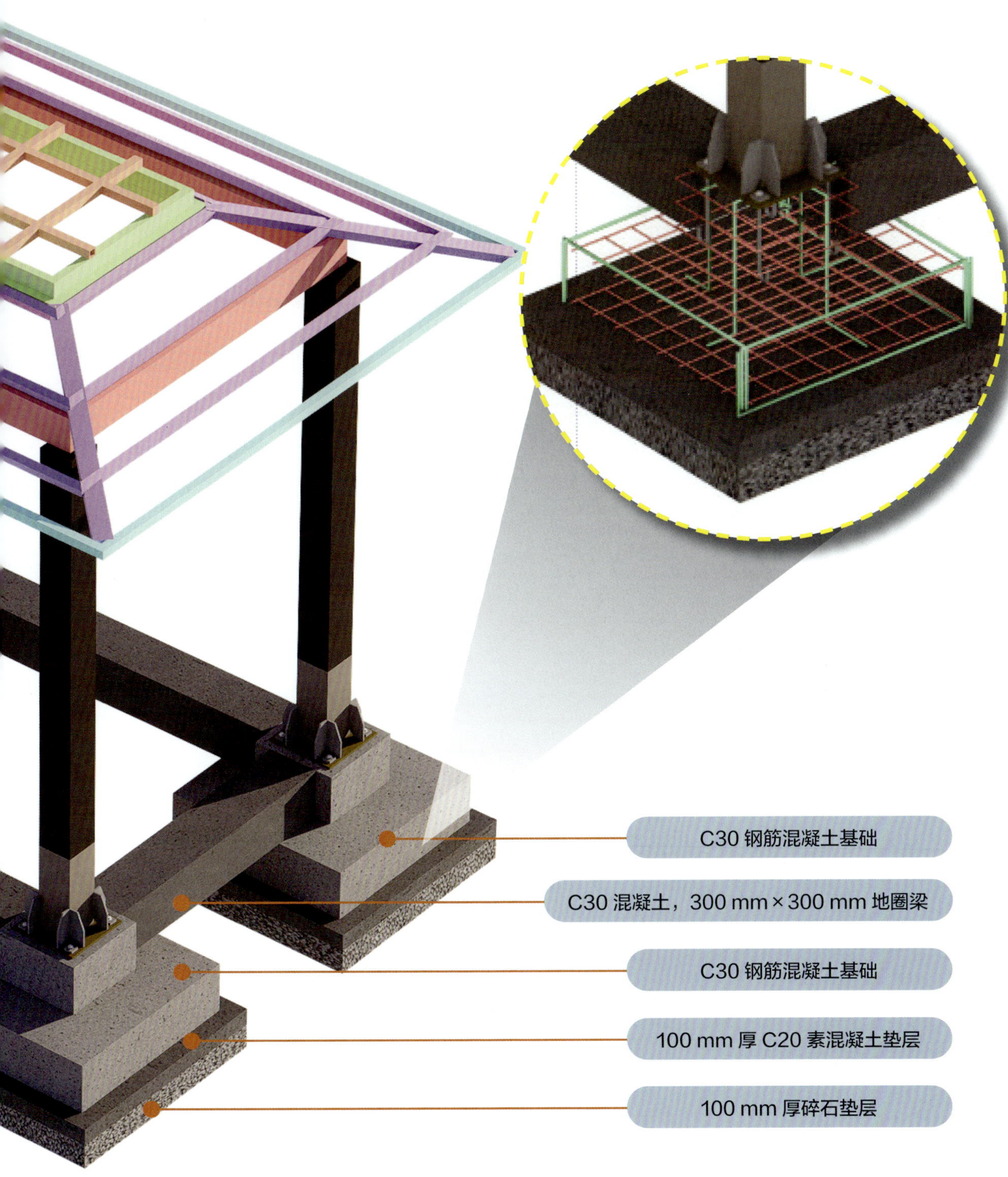
C30 钢筋混凝土基础
C30 混凝土，300 mm × 300 mm 地圈梁
C30 钢筋混凝土基础
100 mm 厚 C20 素混凝土垫层
100 mm 厚碎石垫层

1 mm 厚木纹合金板
200 mm × 200 mm × 10 mm 镀锌方钢
白色半透无纺布
原木格栅内衬
10 mm × 10 mm × 2 mm 镀锌方钢
20 mm × 20 mm × 2 mm 镀锌方钢
20 mm 厚生态竹木板

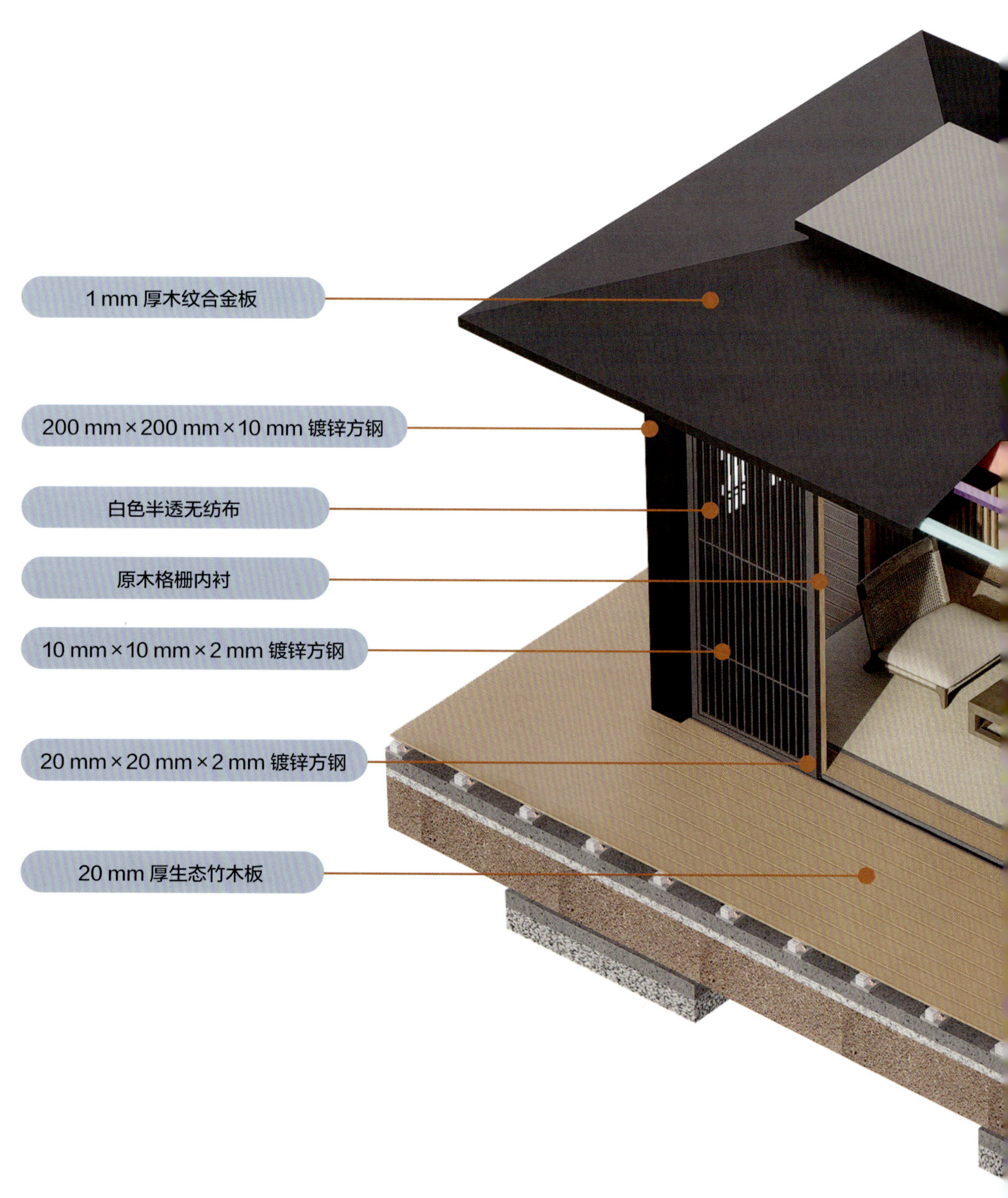

构造剖视图（三）

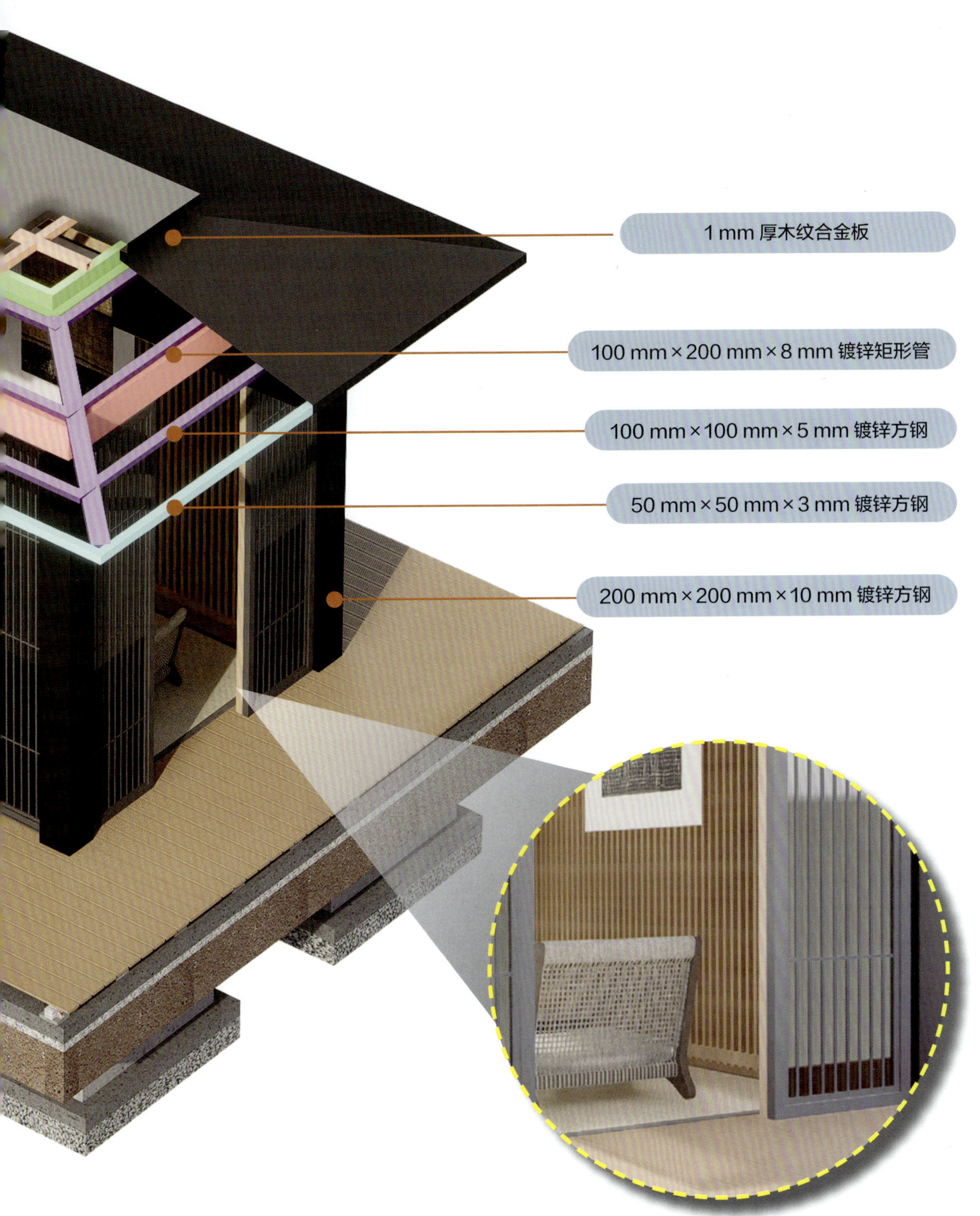
1 mm 厚木纹合金板
100 mm × 200 mm × 8 mm 镀锌矩形管
100 mm × 100 mm × 5 mm 镀锌方钢
50 mm × 50 mm × 3 mm 镀锌方钢
200 mm × 200 mm × 10 mm 镀锌方钢

3. 尺寸细节

透视图

顶视图

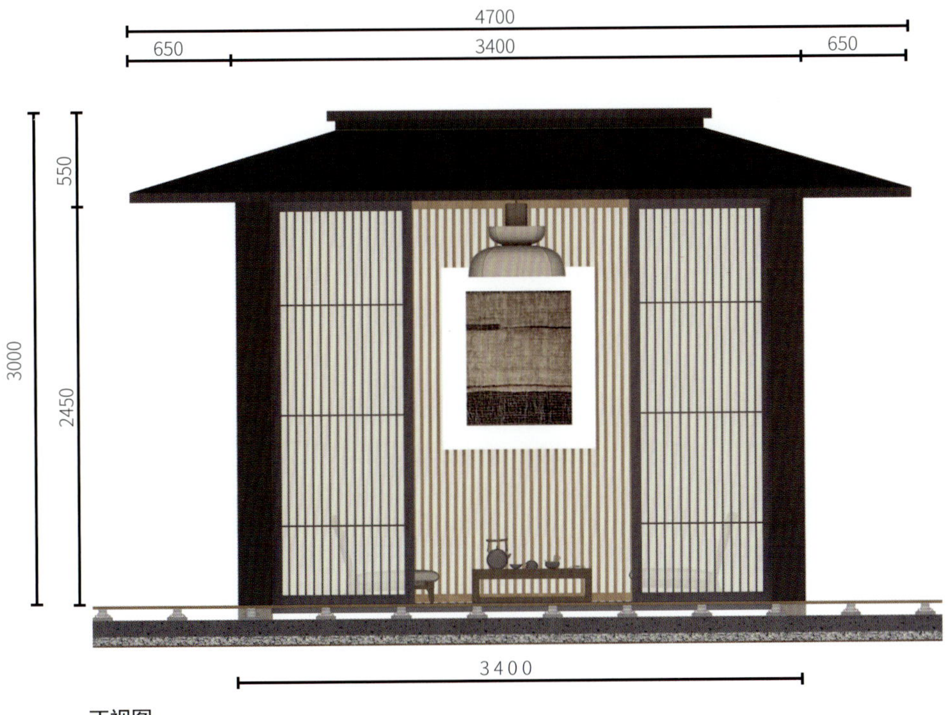

4700
650
3400
650
550
3000
2450
3400

3600
650
2300
650
550
3000
2450

正视图

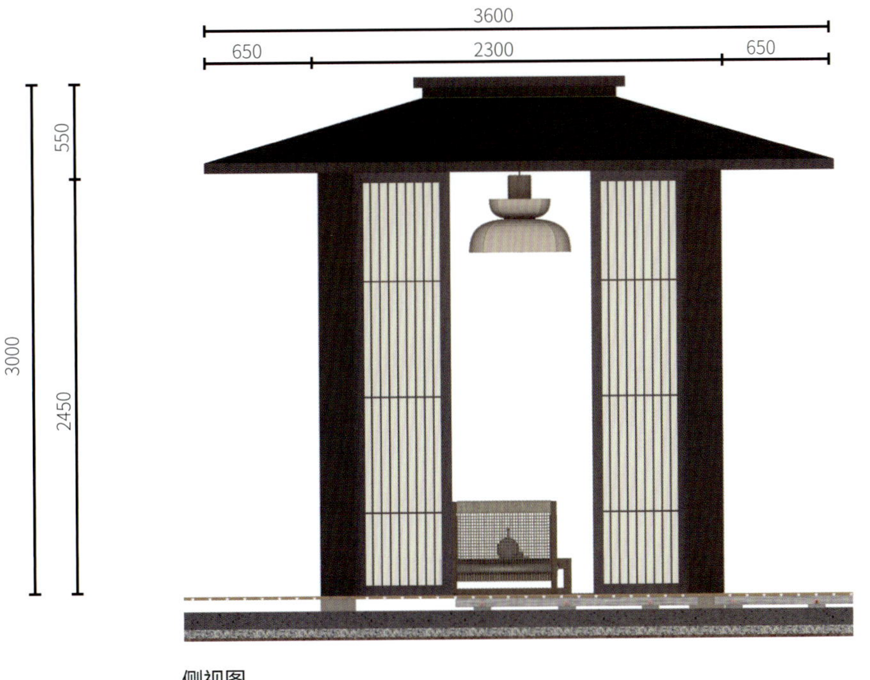

侧视图

▶ 防腐木凉亭

1. 场景展示

樟子松木凉亭：投影面积为 5 m×5 m，使用面积为 3 m×3 m，材质为一级樟子松，适用于传统中式风格的庭院，造价在 2 万～4 万元之间（不含人工安装费）。

防腐木凉亭应用场景

2. 构造剖视图

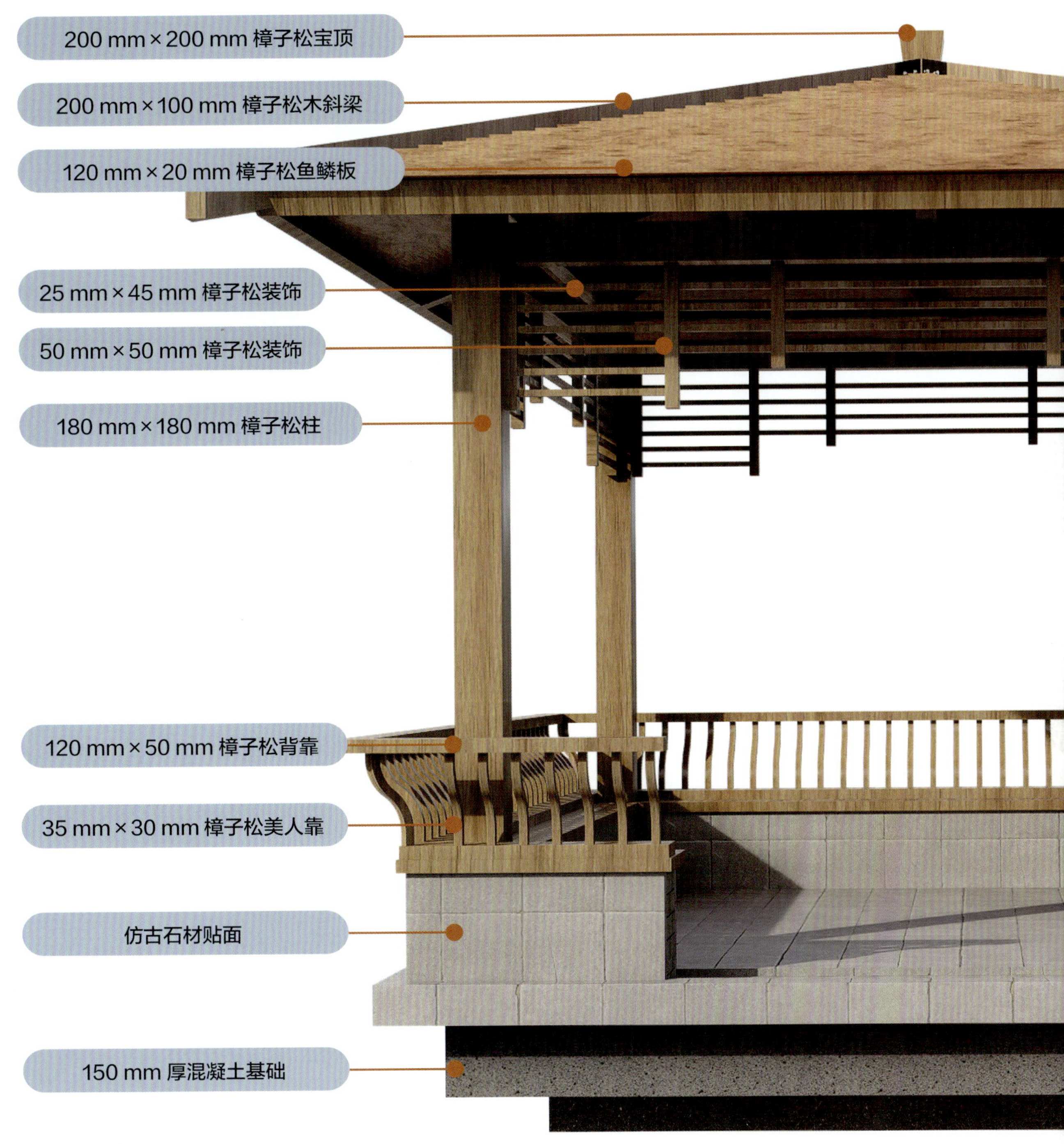

构造剖视图（一）

100 mm × 80 mm 樟子松木梁
100 mm × 50 mm 樟子松木梁
200 mm × 100 mm 樟子松木斜梁
180 mm × 180 mm 樟子松柱

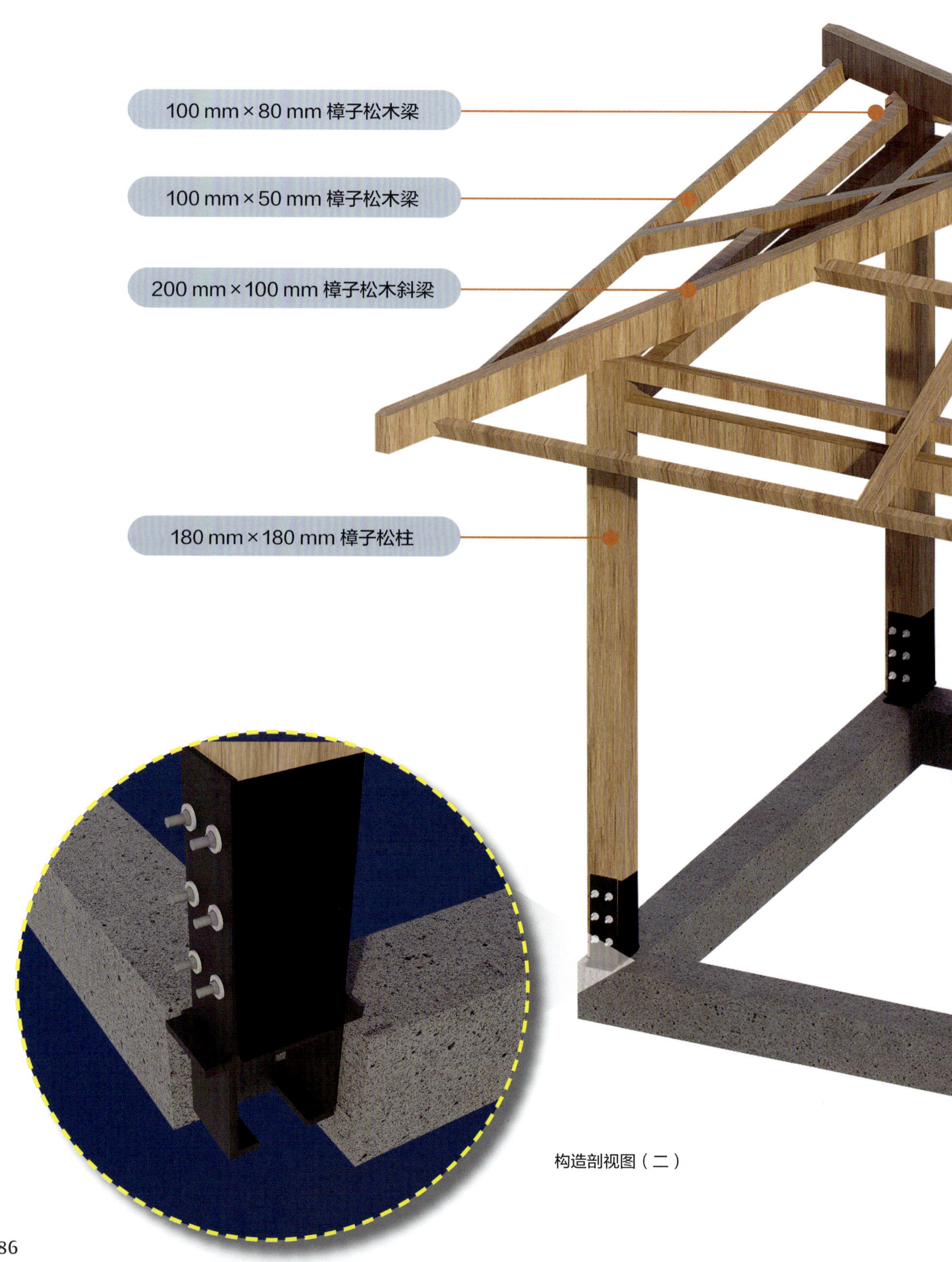

构造剖视图（二）

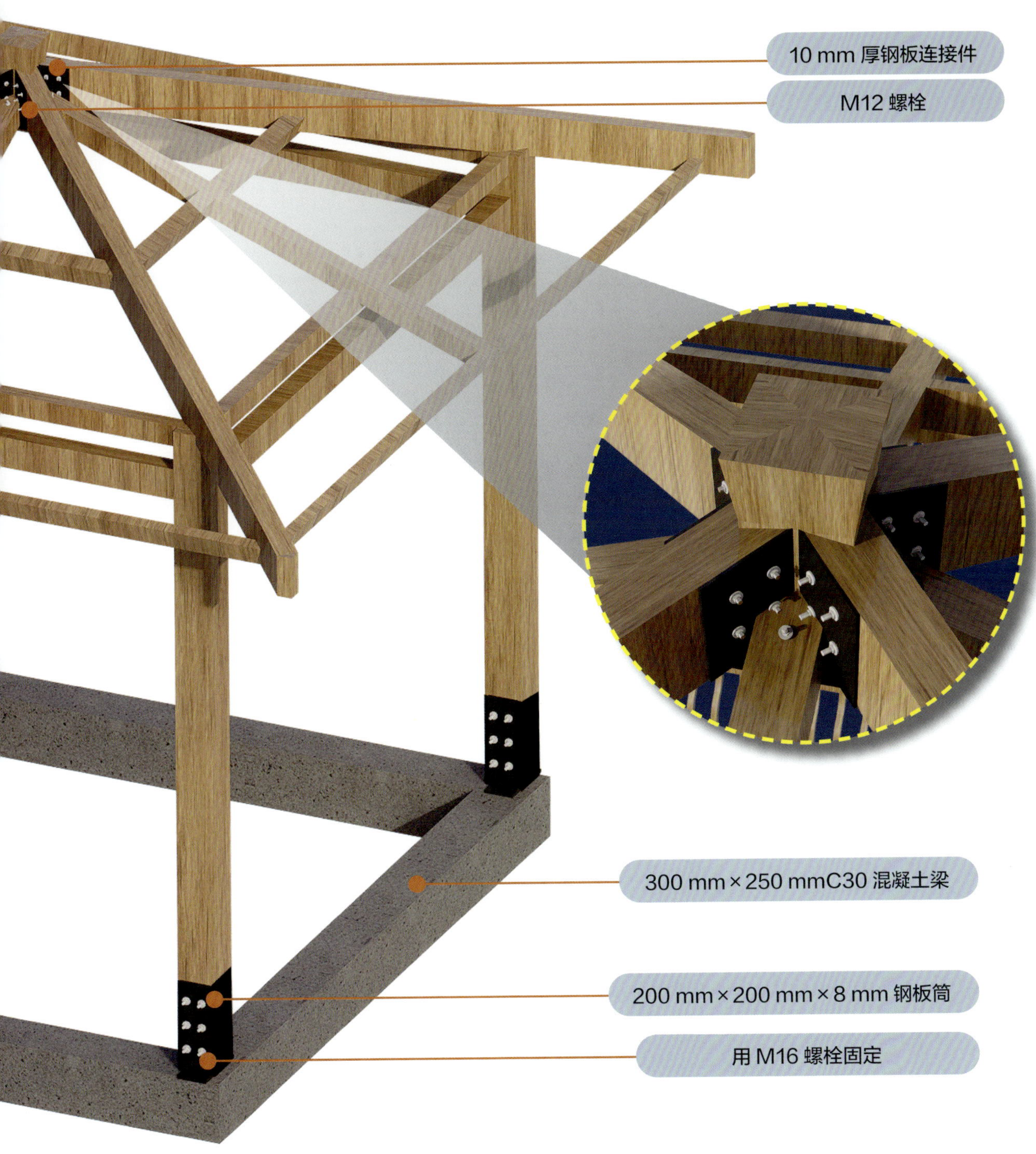
10 mm 厚钢板连接件
M12 螺栓
300 mm×250 mmC30 混凝土梁
200 mm×200 mm×8 mm 钢板筒
用 M16 螺栓固定

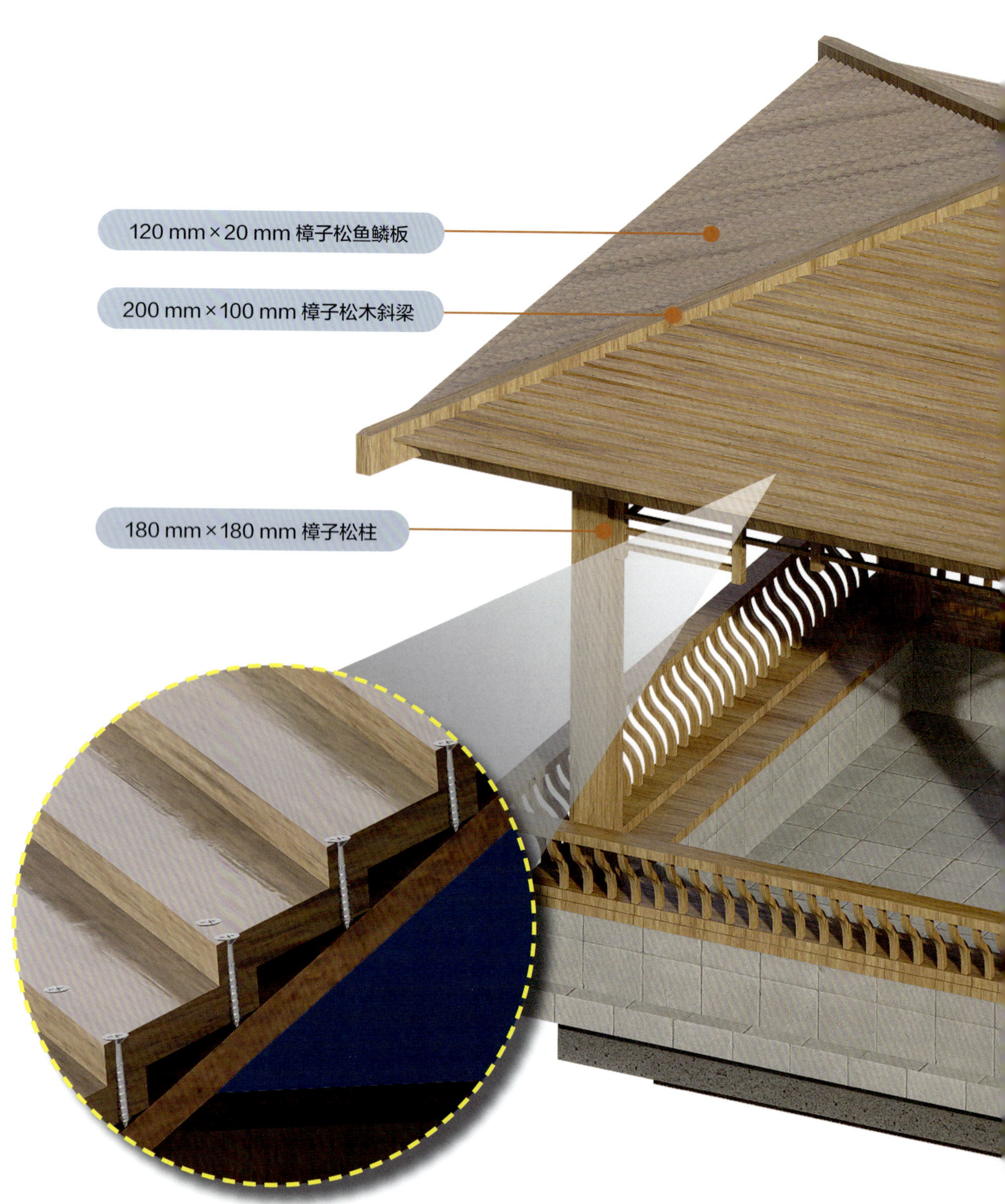

构造剖视图（三）

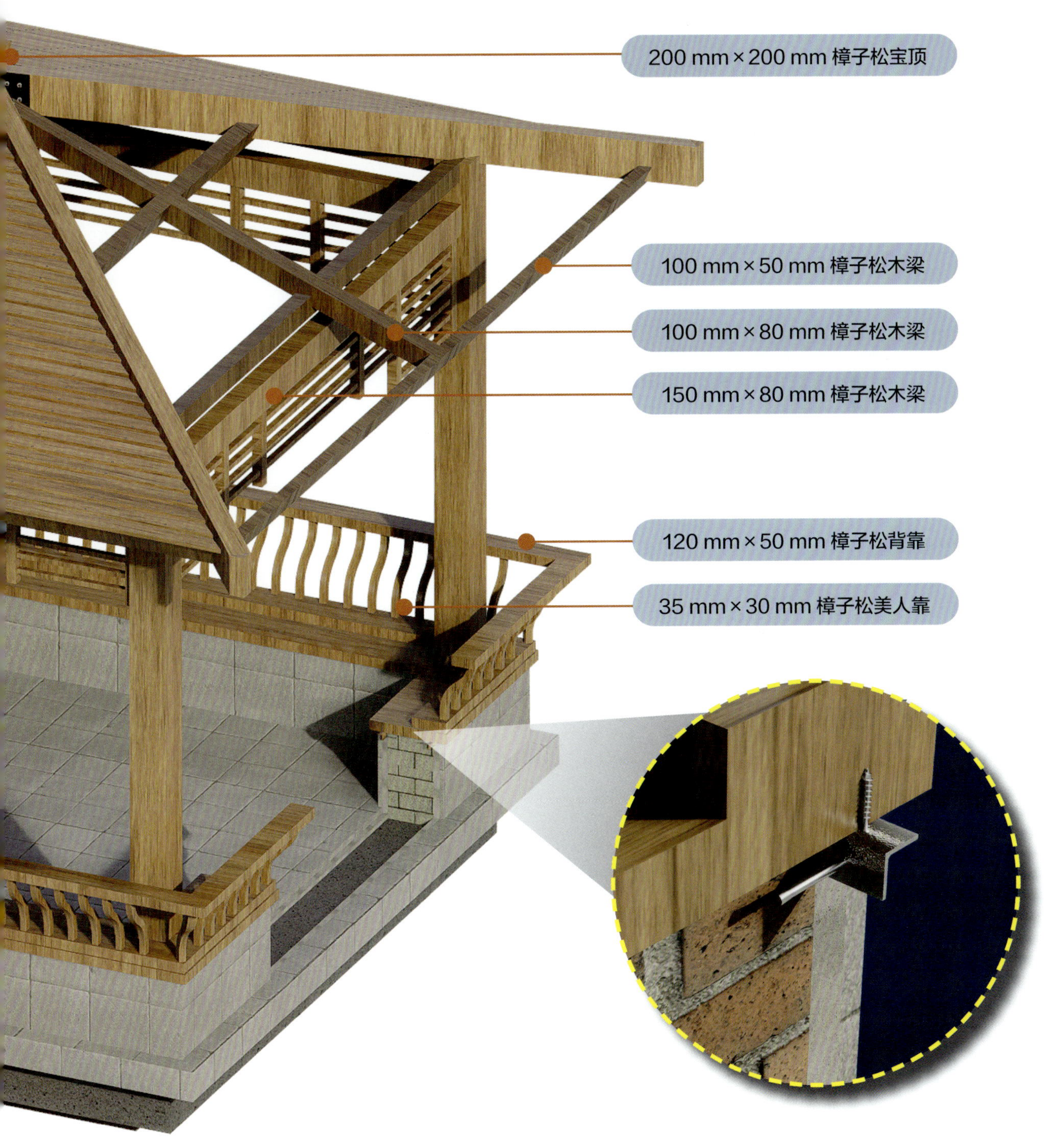
200 mm × 200 mm 樟子松宝顶
100 mm × 50 mm 樟子松木梁
100 mm × 80 mm 樟子松木梁
150 mm × 80 mm 樟子松木梁
120 mm × 50 mm 樟子松背靠
35 mm × 30 mm 樟子松美人靠

3. 尺寸细节

透视图

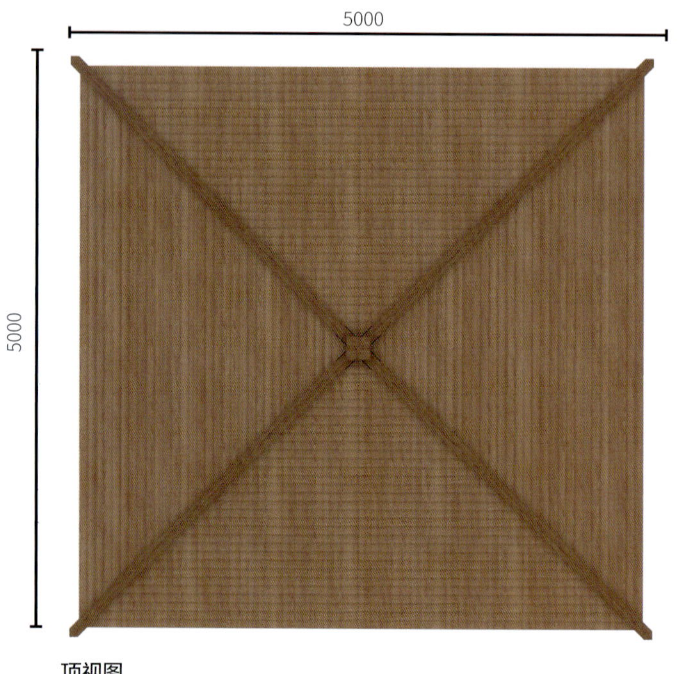

顶视图

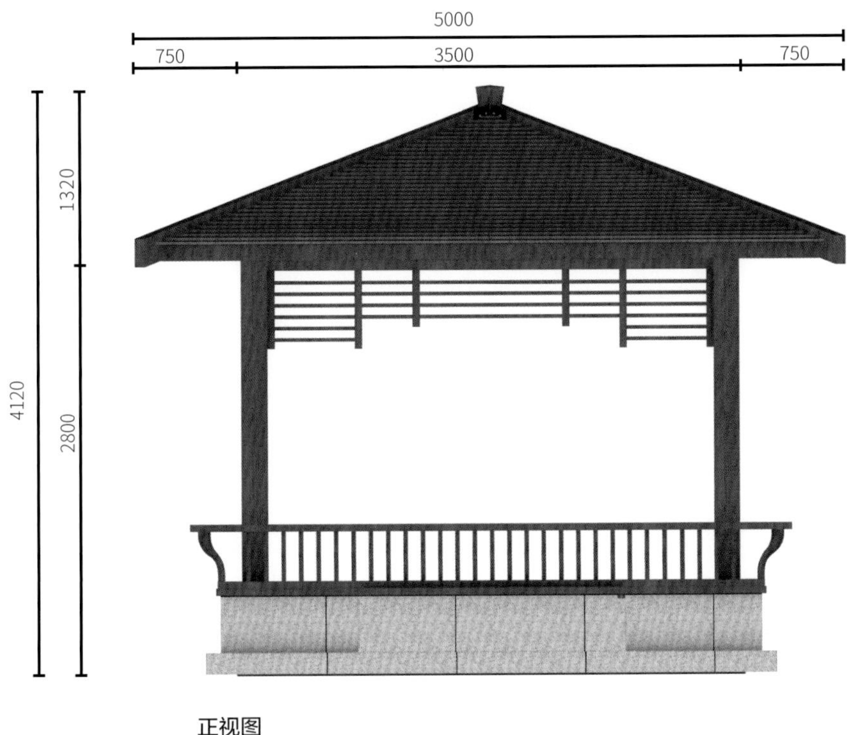

5000
750
3500
750
1320
4120
2800

5000
750
3500
750
1320
4120
2800

正视图

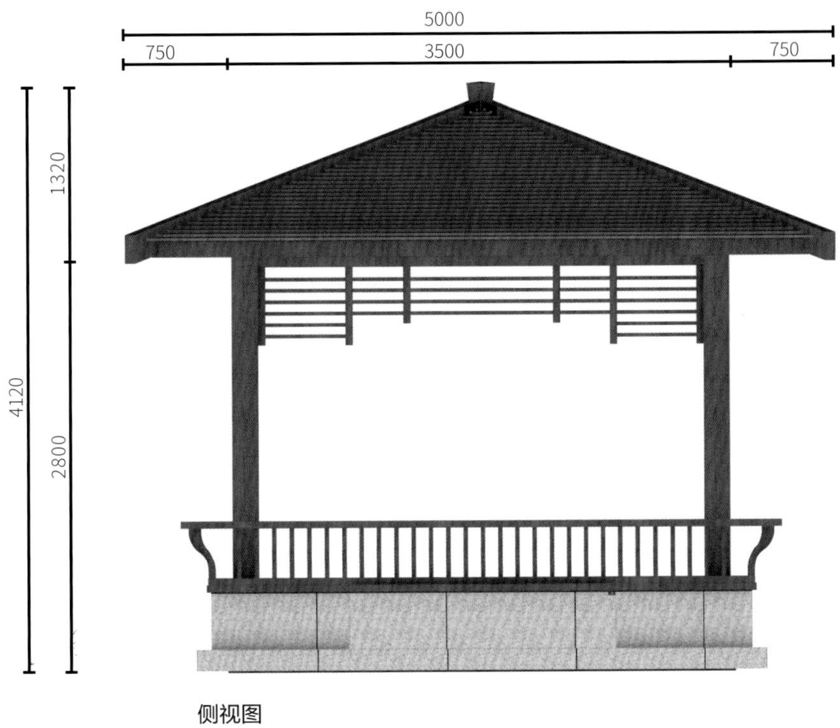

侧视图

庭院常用木材

1. 樟子松

能直接采用高压渗透法做全断面防腐处理，材质细、纹理直且均匀，力学性能优异。但松树结疤比较多，美观性略差，目前在庭院中应用最为广泛，性价比较高。

主要产地：俄罗斯。

价格区间：1500 ~ 2800 元 /m^3。

樟子松

2. 芬兰木

原材料为北欧赤松，具有良好的结构性能，纹理均匀细密，密度高，握钉力强，含脂量低，木节小，比大部分软木树种强度高。

主要产地：芬兰。

价格区间：2500 ~ 3500 元 /m^3。

芬兰木

3. 南方松

南方松包括四个主要树种：长叶松、短叶松、湿地松和火炬松。木材纹路独特，高强度使用下耐磨性佳，握钉力强，常被用作地板材料。

主要产地：美国南部地区。

价格区间：3500 ~ 4000 元 /m^3。

南方松

4. 花旗松

以优异的强度重量比闻名世界，结构性能也异常优秀，当设计大型木梁、长跨度或特殊形状的拱架时，花旗松是最常选用的木材种类。

主要产地：美国、加拿大。

价格区间：2400 ~ 3500 元 /m^3。

花旗松

5. 菠萝格

心边材极明显，心材呈铁褐色至紫褐色，纹理交错，密度高，强度大，油脂多，心材耐腐性极强，材质稳定，干缩率小，色泽美观，可代替红木用于制作高级家具。

主要产地：印度尼西亚。

价格区间：9500 ~ 12000 元 /m^3。

菠萝格

6. 山樟木

带有樟脑香味且能保持多年，心材为玫瑰色、橙红色或红褐色，颜色日久则渐深，结构细腻，纹理直，材质稳定，较耐腐，切面处有樟香味。

主要产地：印度尼西亚、马来西亚。

价格区间：5500 ~ 6500 元 /m^3。

山樟木

7. 柚木

心边材明显，边材呈黄褐色（微红），心材呈浅褐色，生长年轮明显，有光泽，密度、硬度适中，干燥质量好且稳定，极具防腐和防虫能力，是天然的防腐木材。

主要产地：缅甸、泰国、印度尼西亚、马来西亚。

价格区间：13 500 ~ 30 000 元 /m^3。

柚木

8. 柳桉木

柳桉木分为白柳桉和红柳桉两种，颜色呈浅褐色至中褐色，部分微黄，时间长久可渐变为银灰色和古铜色，结构粗，纹理直或斜面交错，但干燥和加工较难，防腐性能一般。

主要产地：澳大利亚、印度尼西亚、马来西亚。

价格区间：4000 ~ 5000 元 /m^3 。

柳桉木

2.3 庭院景墙

▶ 景墙的功能和风格分类

庭院景墙的功能多样，既包括实用性，又包括艺术性，它是现代景观设计中不可或缺的一部分。具体功能和分类如下：

1. 景墙的功能

隔断空间：景墙可以有效分隔不同的功能区域，使空间更加有序。

导游功能：设置景墙可以引导游客的视线和行动路径，增加游览的趣味性。

衬托景色：景墙能够突出周围的自然景观或建筑，增强整体美感。

装饰美化：景墙本身也是一种艺术形式，可以通过不同的材料和造型来提升庭院的整体美观度。

保护作用：景墙可以遮挡视线、保护隐私，也能阻挡一些不希望进入的外来物。

2. 景墙按风格分类

现代简约风格：通常采用简洁的设计，材料多为金属、玻璃等现代材料，强调线条的流畅性和几何形状的规整。

中式风格：中式景墙常使用传统的砖雕、木雕等工艺，结合山水画等元素，营造出浓厚的中国传统文化氛围。

欧式风格：欧式景墙多采用石材、混凝土等材料，造型复杂且富有装饰性，常带有雕刻图案，彰显欧式古典美学。

跌水景墙（一）

透光景墙

跌水景墙（二）

极简景墙

▶ 墙面石材铺贴工艺

1. 墙面石材湿贴工艺

适用材料： 20 mm、15 mm 厚的石材。

适用范围： 高度小于 1.8 m 的景墙，重量小于 12 kg 的石材。

做法简介： 通过涂黏结层将材料黏结到墙面上，施工难度低，成本较低，精细化控制程度差，对施工水平要求高。

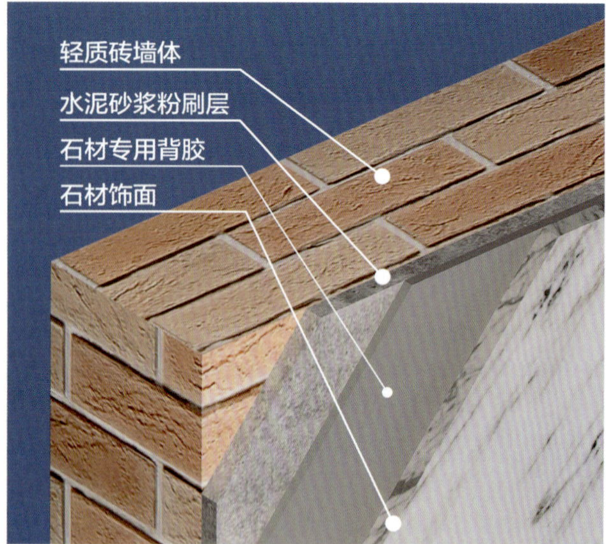

墙面石材湿贴模型剖视图

批刮墙面背胶

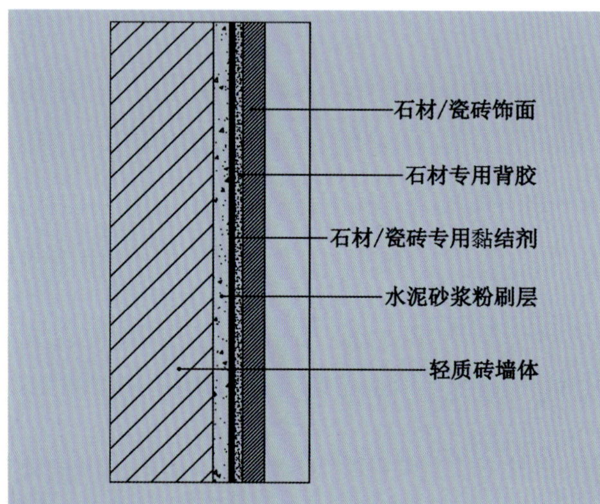

墙面石材湿贴构造示意

黏结石材

2. 墙面石材丝挂工艺

适用材料：20 mm、15 mm 厚的石材。

适用范围：高度小于 1.8 m 的景墙。

做法简介：在石材面板的背面开槽，通过铜丝绑扎与墙面钢钉、螺栓固定，在湿贴的基础上进行加固；施工难度低，相比湿贴工艺较牢固，成本低。

丝挂工艺细节（一）

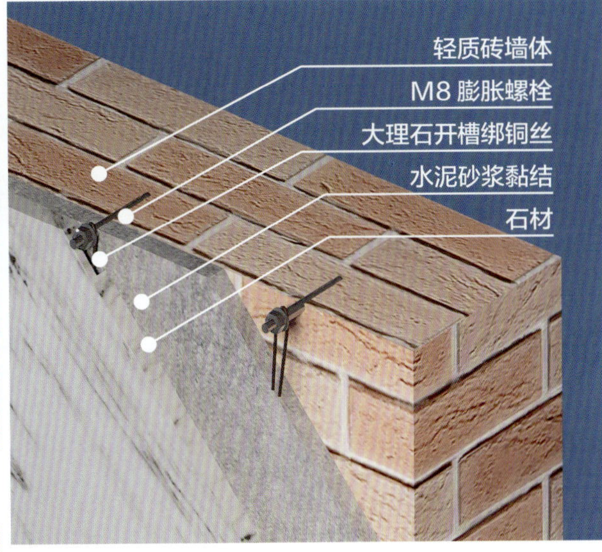

墙面石材丝挂模型剖视图

丝挂工艺细节（二）

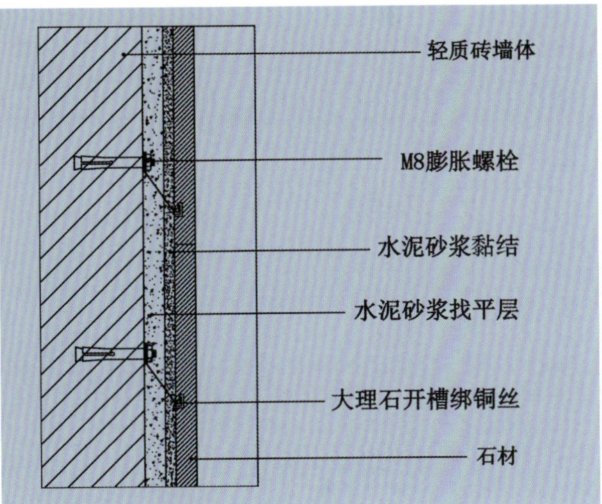

墙面石材丝挂构造示意

3. 墙面石材点挂工艺

适用材料：30 mm、18 mm 厚的石材。

适用范围：高度大于 1.8 m 的景墙。

做法简介：在石材面板的背面钻孔，安装螺栓固定在石材背面，再通过铝合金挂钩与墙面角钢固定。墙面无龙骨网，单个挂点通过角钢与墙面形成受力关系。优点：无龙骨网，可独立安装，成本较低。

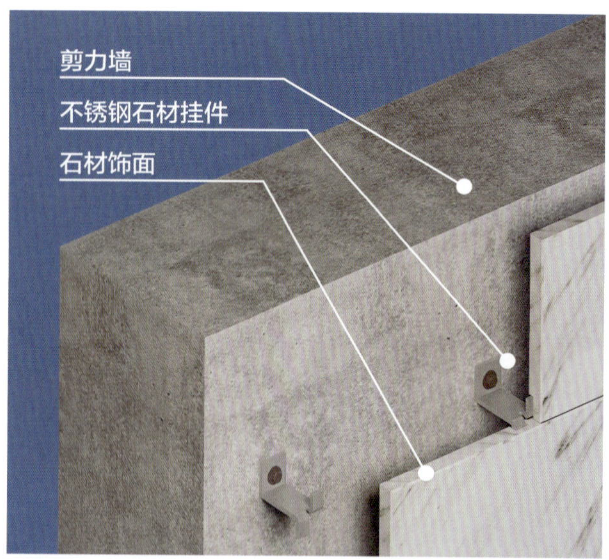

墙面石材点挂模型剖视图

石材点挂效果

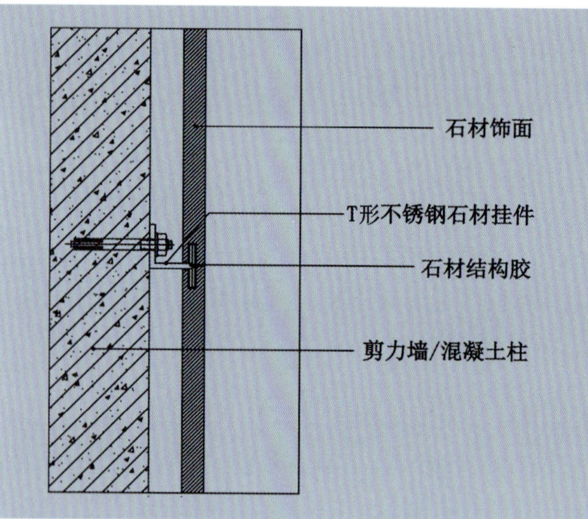

墙面石材点挂构造示意

安装干挂件

4. 墙面石材干挂工艺

适用材料： 30 mm、18 mm 厚的石材。

适用范围： 高度大于 1.8 m 的景墙。

做法简介： 在石材面板的背面钻孔，将螺栓固定在石材背面，再通过铝合金挂钩与骨架相连。板材之间独立受力，可独立安装、独立更换。连接可靠，具有较强的抗震能力。优点：可由工厂制作，实现精准控制。

石材干挂龙骨

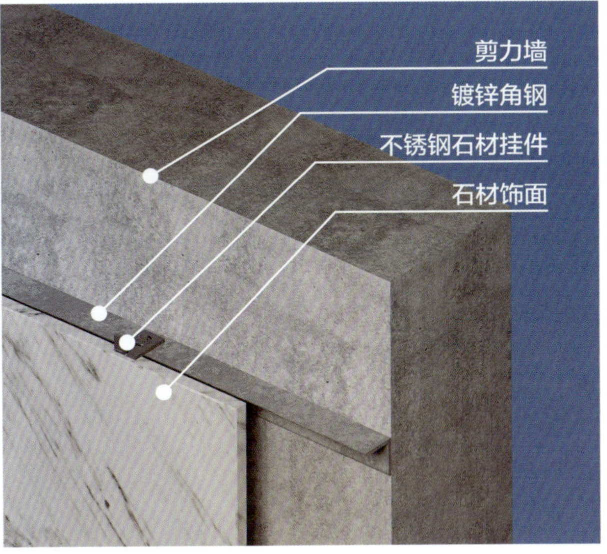

墙面石材干挂模型剖视图

石材干挂细节

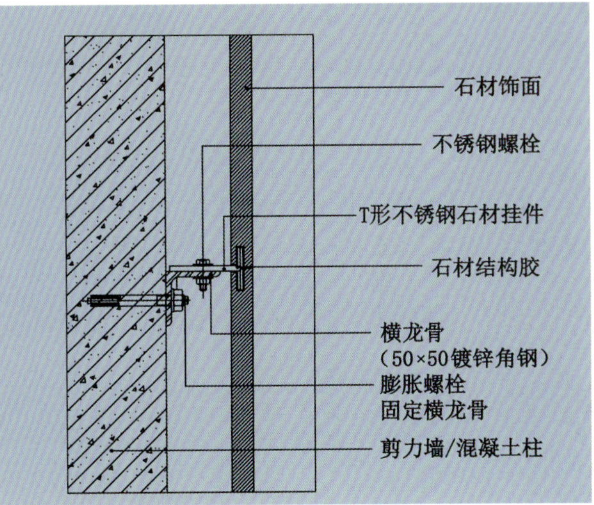

墙面石材干挂构造示意

标准跌水景墙

1. 场景展示

标准跌水景墙应用场景

2. 构造剖视图

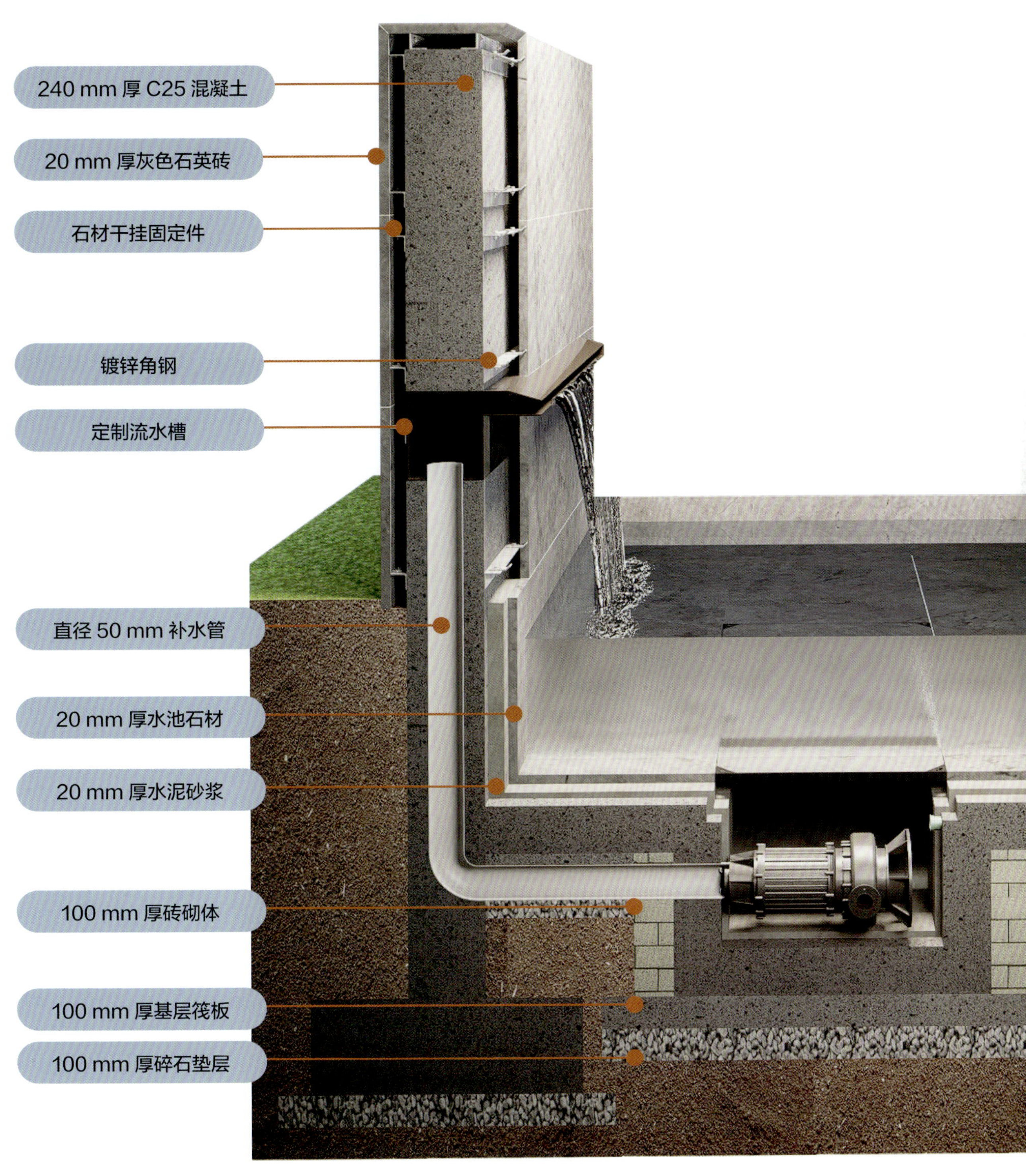

构造剖视图（一）

240 mm 厚 C25 混凝土
20 mm 厚灰色石英砖
石材干挂固定件
成品流水固定件
直径 50 mm 给水管
100 mm 厚碎石垫层
100 mm 厚基层筏板
潜水泵

构造剖视图（二）

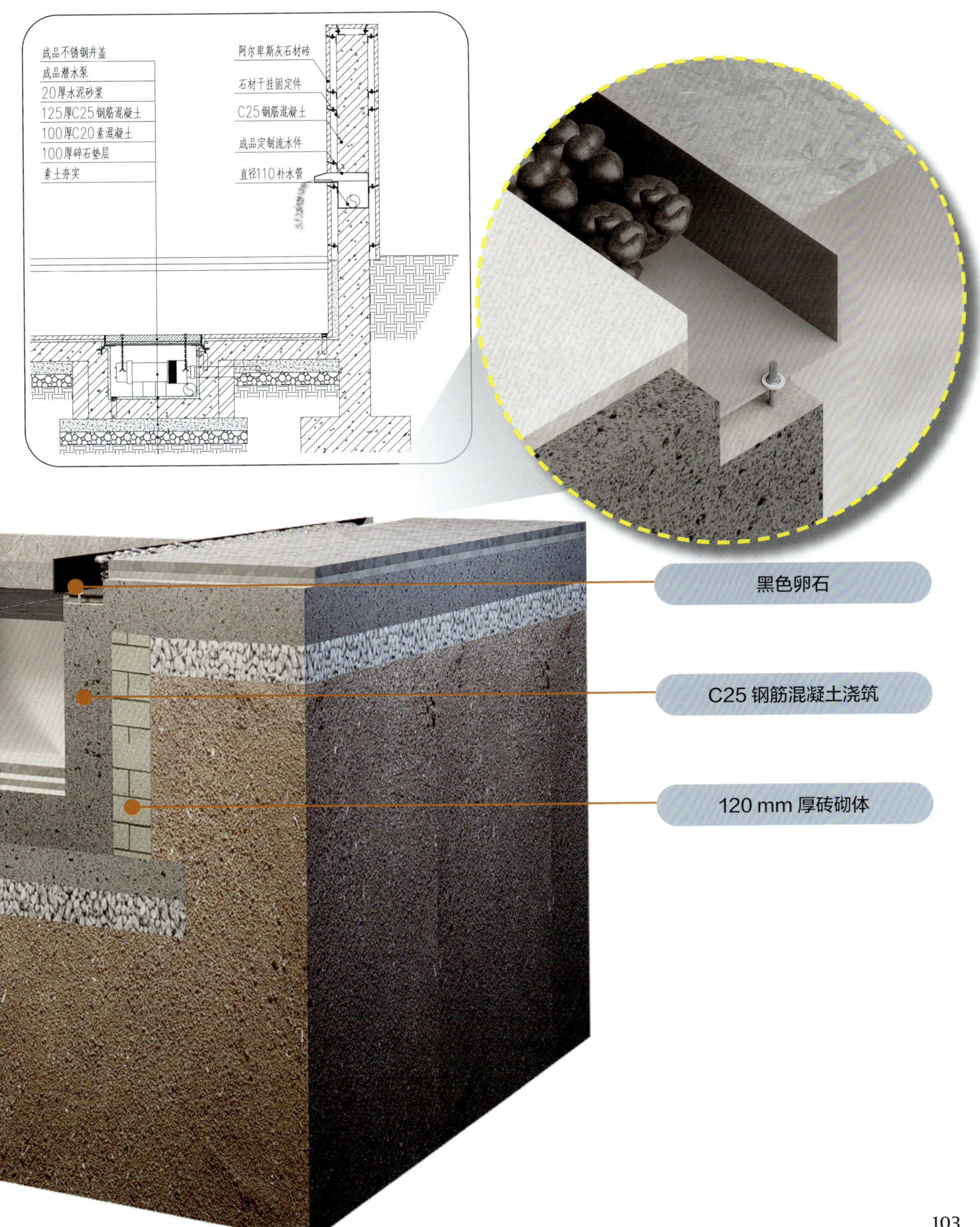
成品不锈钢井盖
成品潜水泵
20厚水泥砂浆
125厚C25钢筋混凝土
100厚C20素混凝土
100厚碎石垫层
素土夯实
阿尔卑斯灰石材砖
石材干挂固定件
C25钢筋混凝土
成品定制流水件
直径110补水管
黑色卵石
C25 钢筋混凝土浇筑
120 mm 厚砖砌体

▶ 极简跌水景墙

1. 场景展示

极简跌水景墙应用场景

2. 构造剖视图

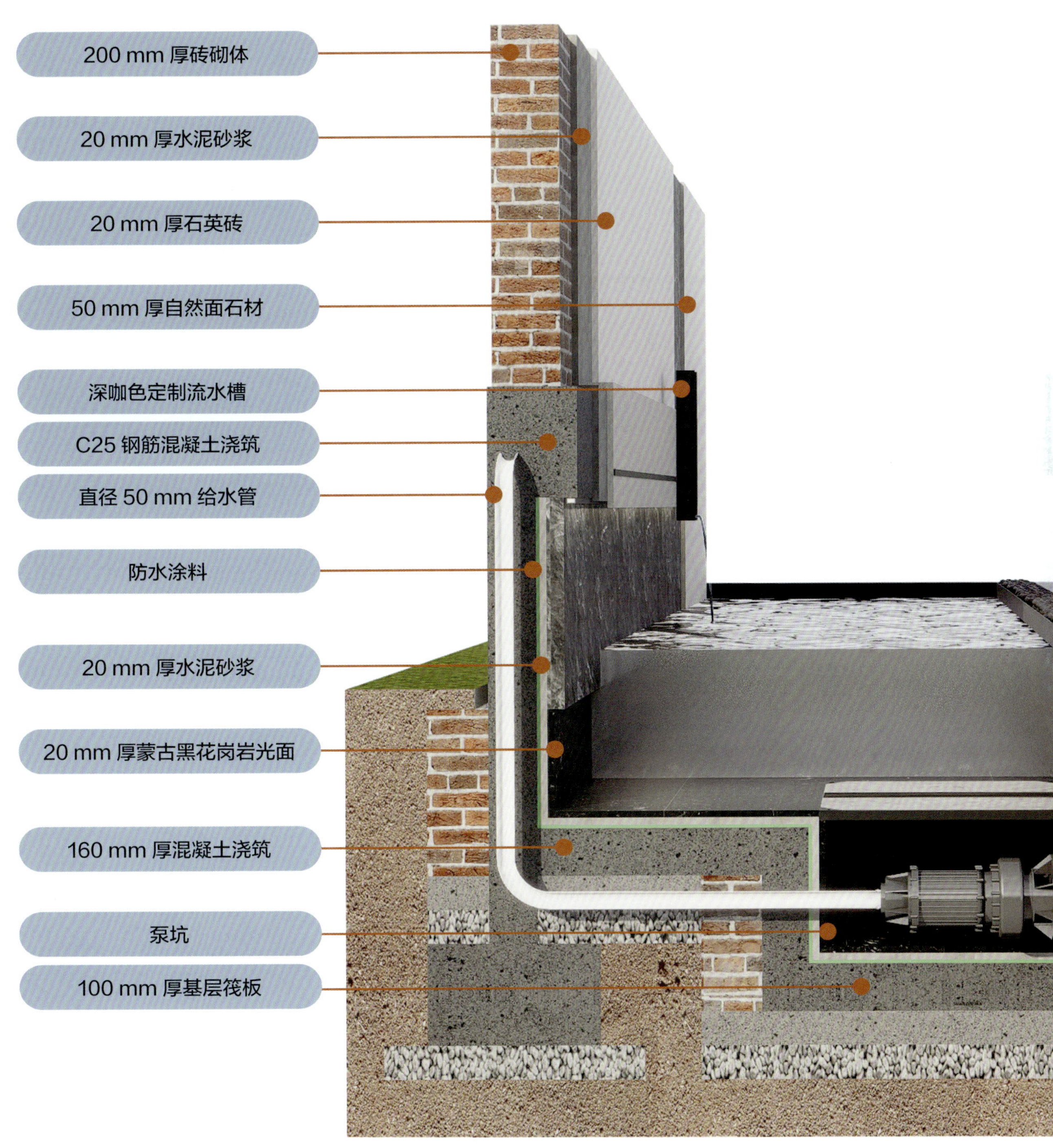

构造剖视图（一）

构造剖视图（二）

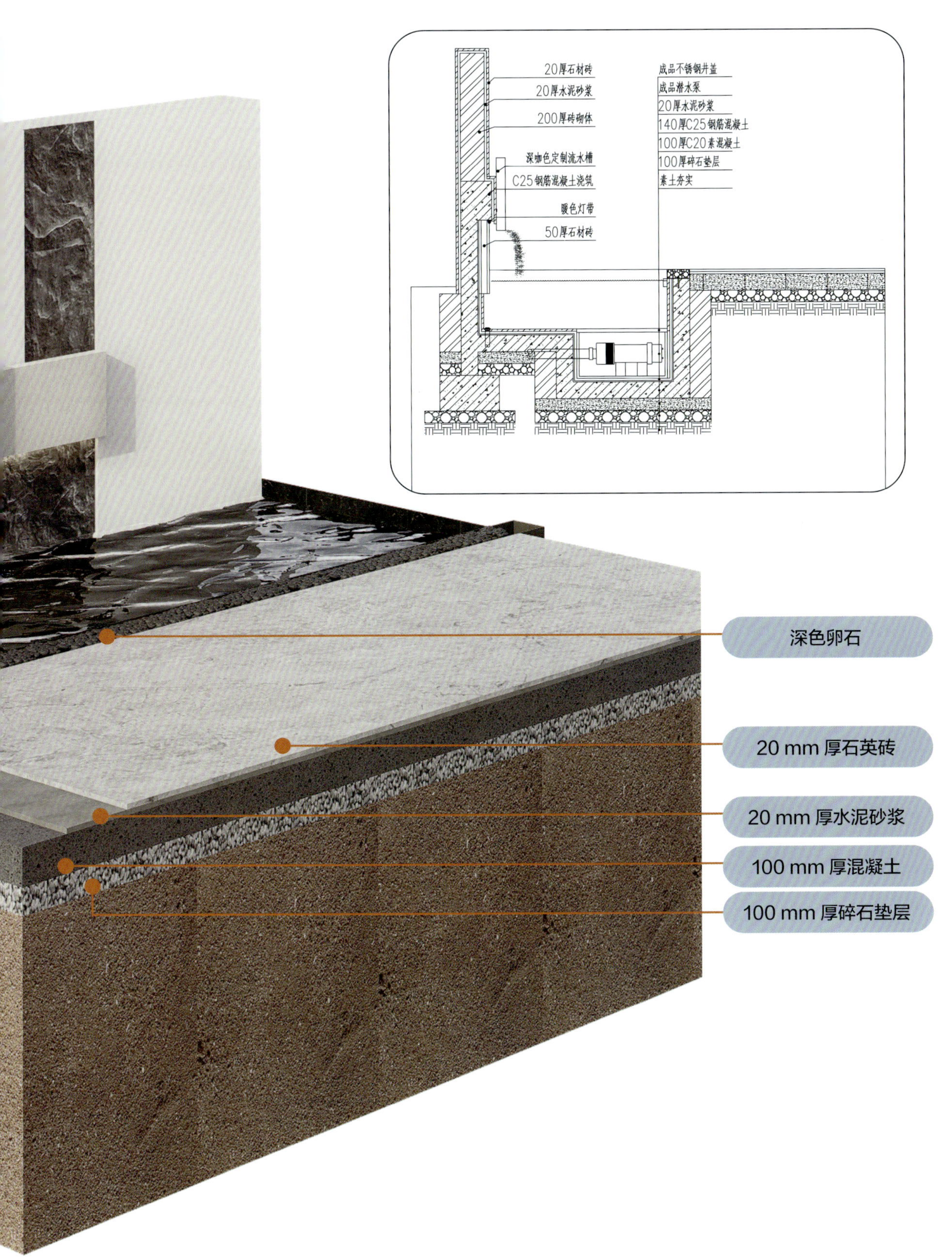
20厚石材砖
20厚水泥砂浆
200厚砖砌体
深咖色定制流水槽
C25钢筋混凝土浇筑
暖色灯带
50厚石材砖
成品不锈钢井盖
成品潜水泵
20厚水泥砂浆
140厚C25钢筋混凝土
100厚C20素混凝土
100厚碎石垫层
素土夯实
深色卵石
20 mm 厚石英砖
20 mm 厚水泥砂浆
100 mm 厚混凝土
100 mm 厚碎石垫层

跌水幕墙

1. 场景展示

跌水幕墙应用场景

2. 构造剖视图

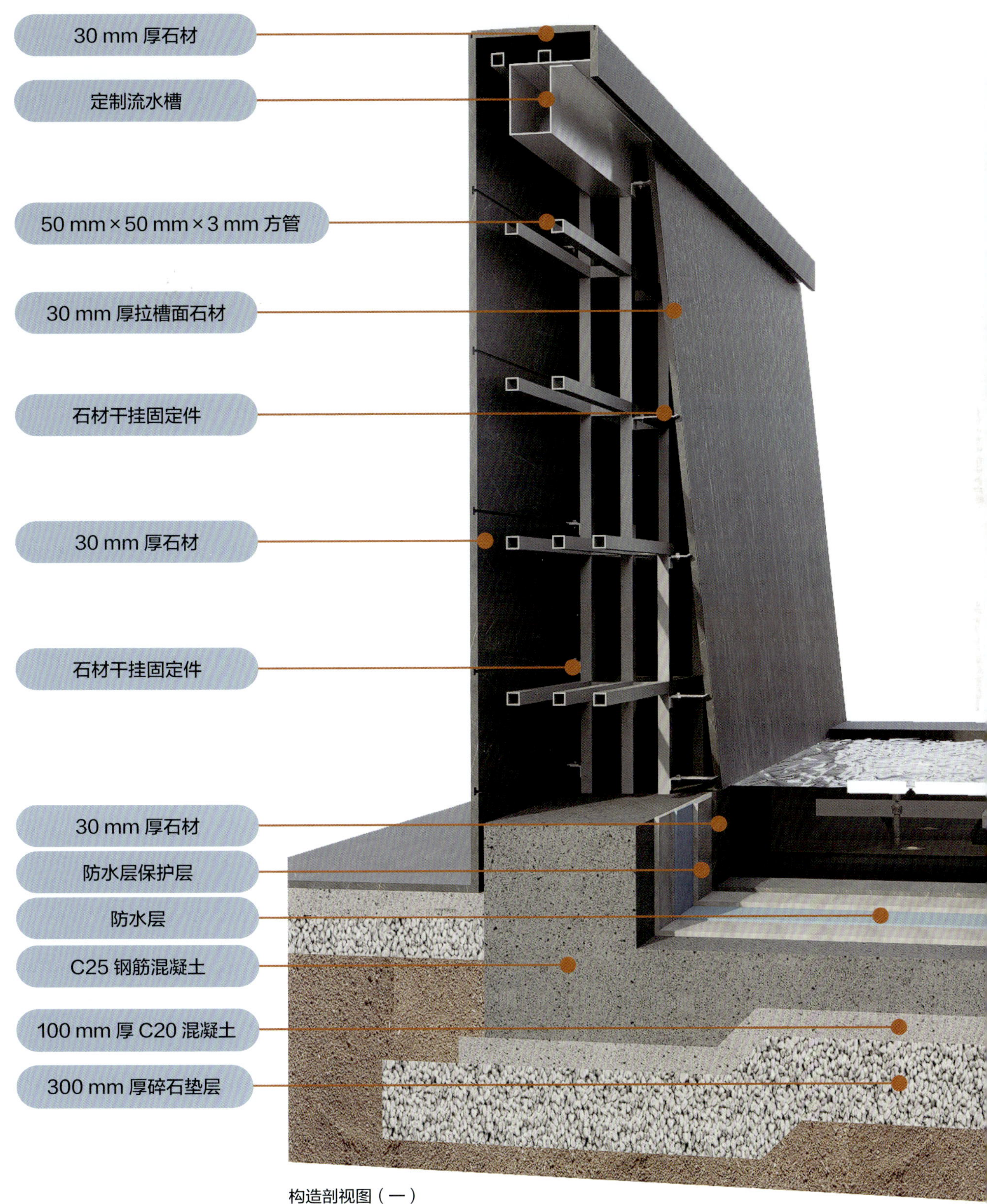

构造剖视图（一）

30 mm 厚石材
石材干挂固定件
定制流水槽
50 mm × 50 mm × 3 mm 方管
石材干挂固定件
30 mm 厚石材
防水层保护层
防水层
水泥砂浆层
C25 钢筋混凝土

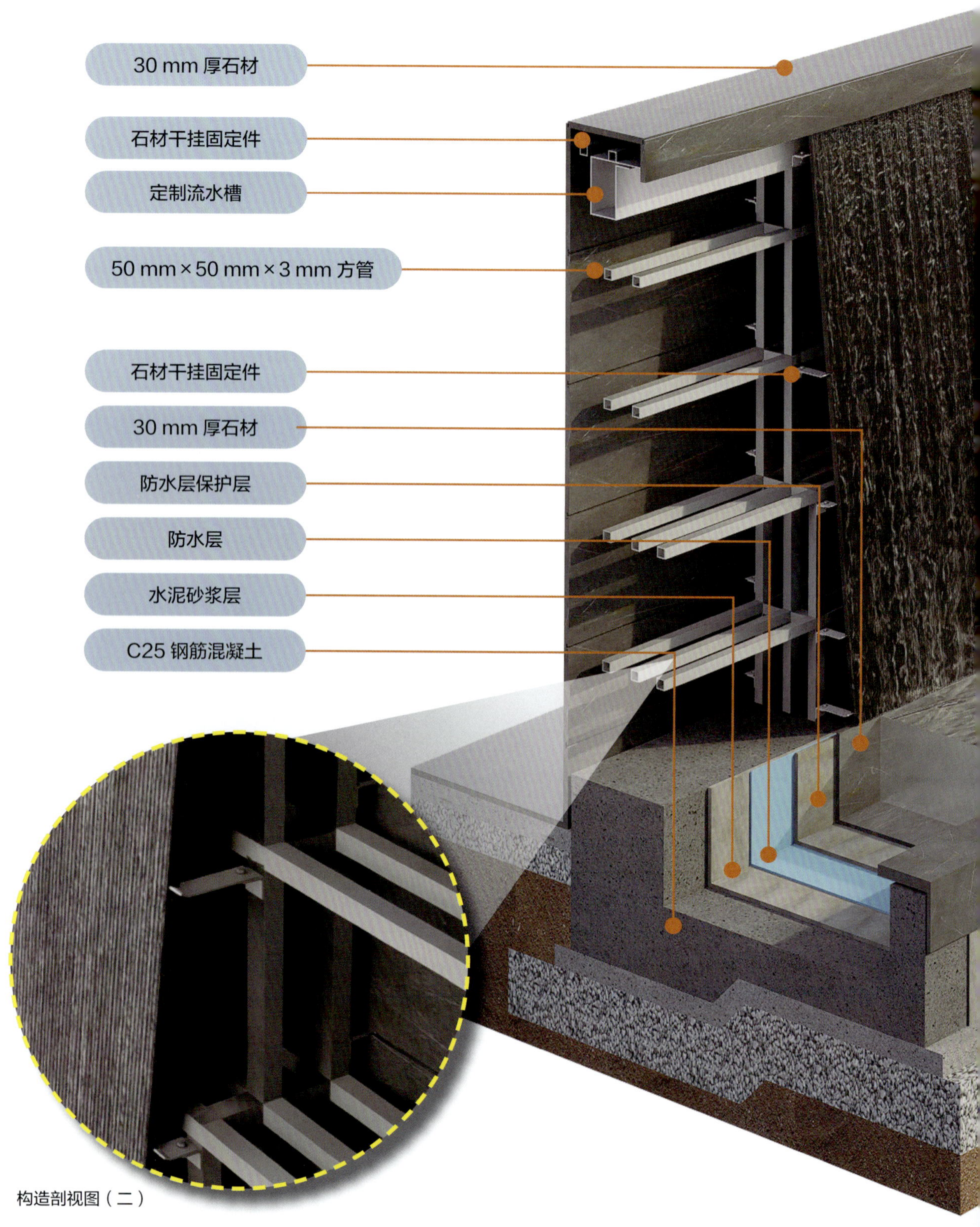

构造剖视图（二）

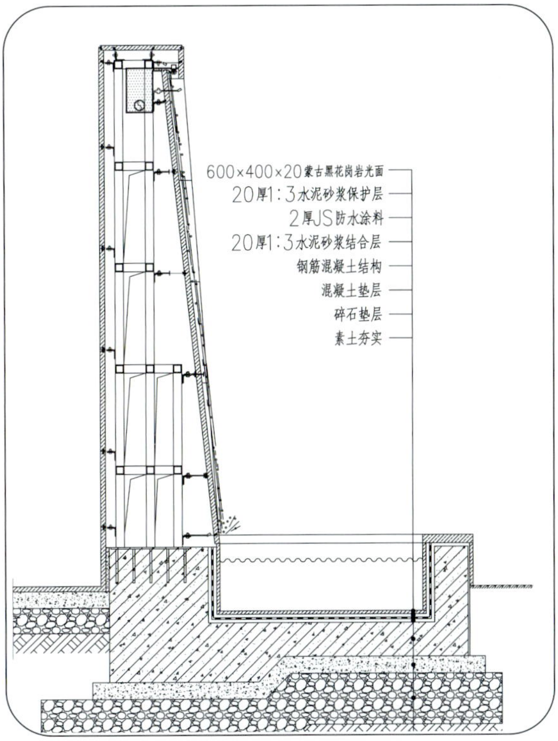

600×400×20蒙古黑花岗岩光面
20厚1:3水泥砂浆保护层
2厚JS防水涂料
20厚1:3水泥砂浆结合层
钢筋混凝土结构
混凝土垫层
碎石垫层
素土夯实

100 mm 厚 C20 混凝土
300 mm 厚碎石垫层
素土夯实

▶ 标准泵坑的做法

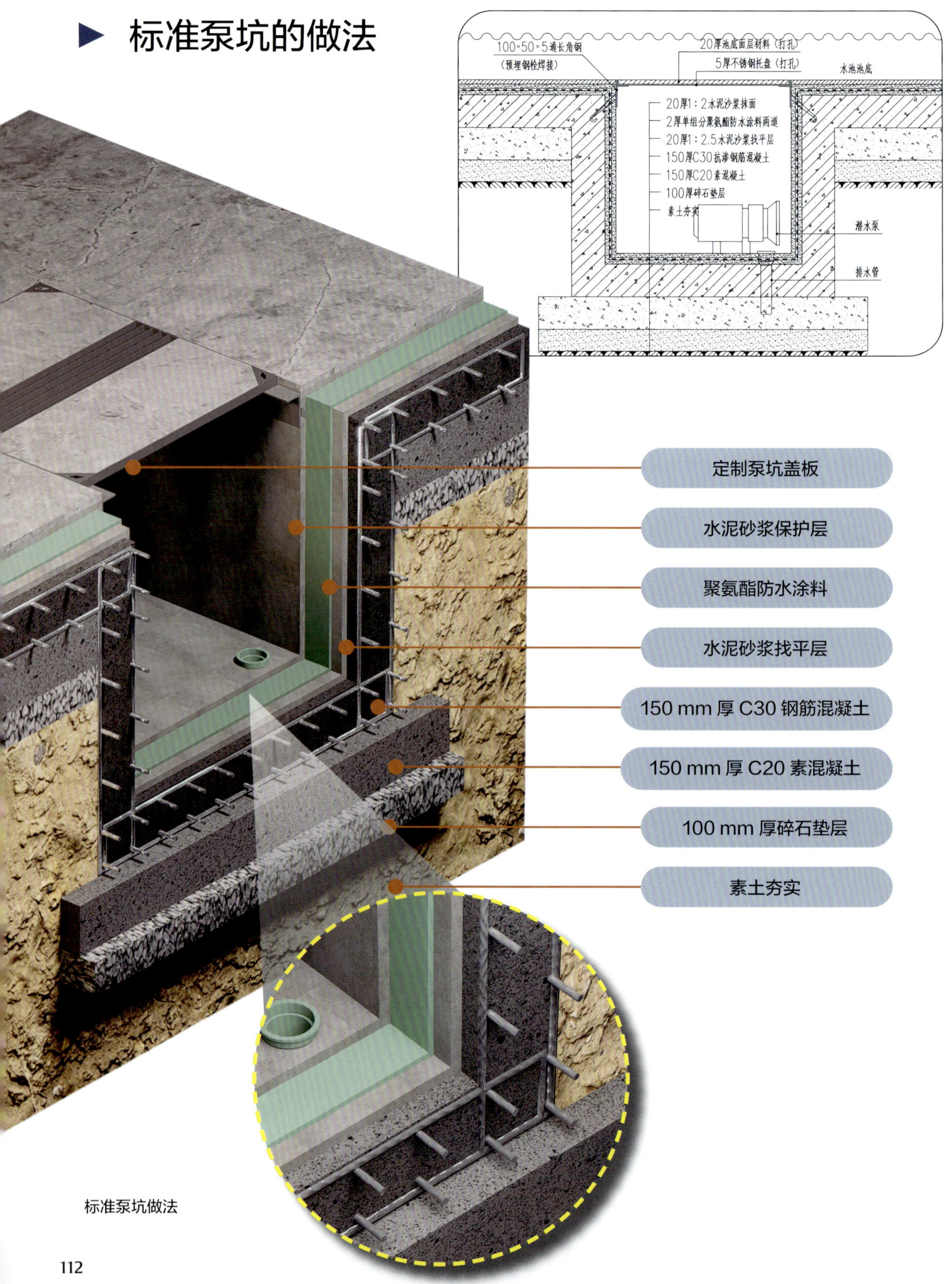

标准泵坑做法

防水材料的种类

庭院防水材料种类繁多，下面介绍三种常用的防水材料。

1. 聚合物水泥（JS）防水涂料

由合成高分子聚合物乳液以及各种添加剂加粉料优化而成的双组分防水涂料，属于柔性防水涂料。施工便捷，受天气影响小，涂层坚韧，无毒、无味。阴雨天气或基层有明水时不宜施工。

应用范围：游泳池等无沉降风险的水体。

价格：30 ~ 50 元 /m^2。

聚合物水泥（JS）防水涂料

2. 聚氨酯防水涂料

一种化学反应型涂料，通过与空气中的湿气反应固化成膜，具有高强度、高延伸率、耐水性能好等特点。耐候性好、低温不龟裂，涂层密实，防水隔气。需要专业人员操作。气味较大，环保性能较差，对施工环境有一定的要求。

应用范围：规则式刚性结构景观水体，以及游泳池等长期处于潮湿环境的场所。

价格：40 ~ 80 元 /m^2。

聚氨酯防水涂料

3. 丙纶防水布

一种由高分子聚乙烯丙纶复合而成的防水卷材，在原生聚乙烯合成高分子材料中加入抗老化剂、稳定剂等，与高强度新型丙纶涤纶长丝无纺布，经自动化生产线一次复合而成，柔韧性一般，对基层的变形适应能力较弱。

应用范围：各种建筑物的屋面、地下室、隧道等防水工程。

价格：30 ~ 50 元 /m^2。

丙纶防水布

镂空景墙

1. 场景及实景展示

镂空景墙应用场景

镂空景墙（一）

镂空景墙（二）

镂空景墙（三）

2. 构造剖视图

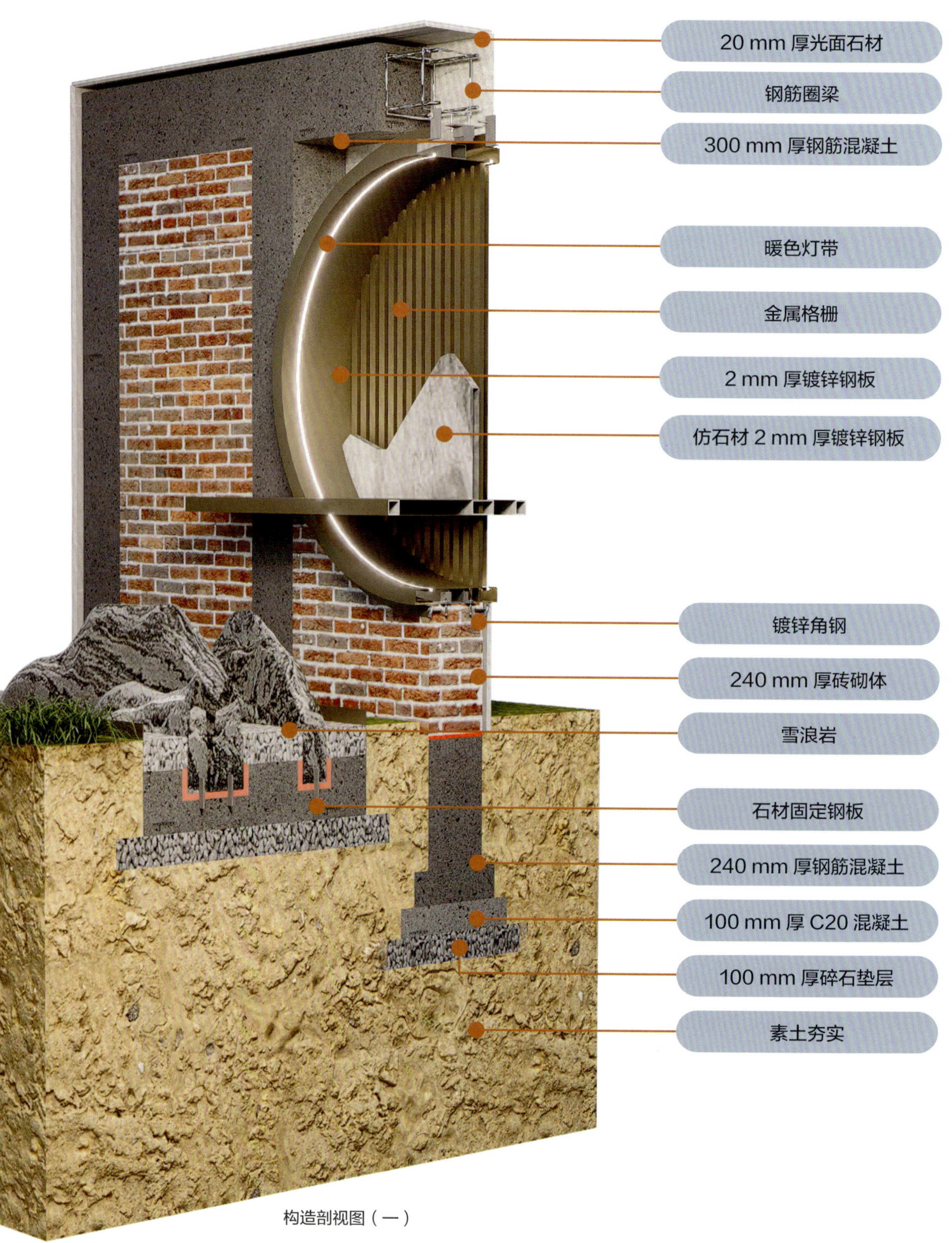

构造剖视图（一）

600×200×20厚爵士白花岗岩光面
20厚1：2.5水泥砂浆结合层
240×300钢筋混凝土梁
镀锌角钢，M8膨胀螺栓固定
2厚镀锌钢板，喷深灰色氟碳漆
龙骨

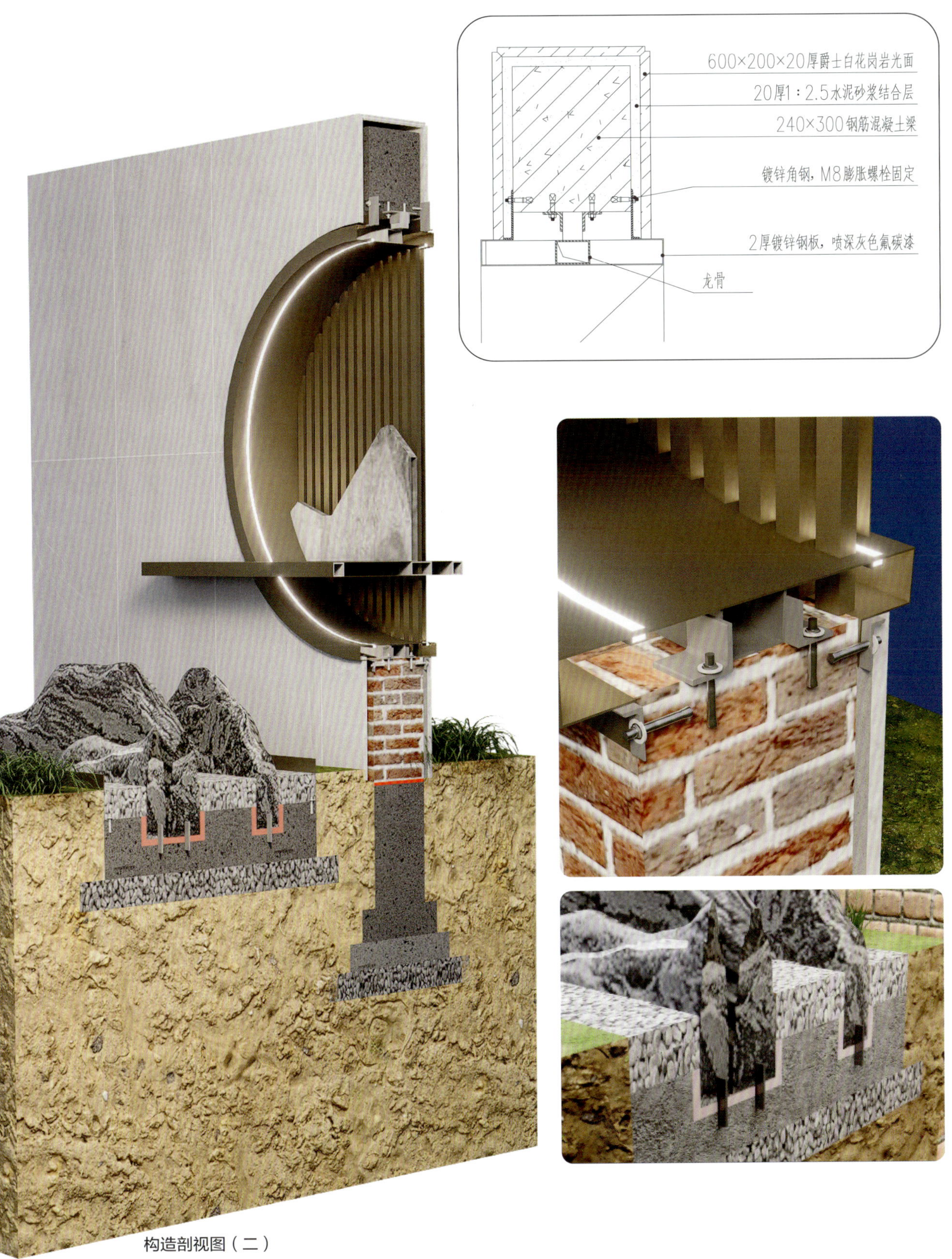

构造剖视图（二）

▶ 玻璃景墙

1. 场景及实景展示

玻璃景墙应用场景

玻璃砖隔断（一）

玻璃砖隔断（二）

2. 玻璃砖简介及常用尺寸

玻璃砖是一种结合了玻璃的透明感与砖块的坚固性的建筑材料，通常呈方形，表面可以是平滑的，也可以有纹理，既能提供视觉美感，又具备一定的功能性。

玻璃砖常用的尺寸有 1900 mm × 1900 mm × 80 mm、1000 mm × 1000 mm × 50 mm、1500 mm × 1500 mm × 50 mm、2000 mm × 1000 mm × 50 mm。

玻璃砖细节

3. 构造剖视图

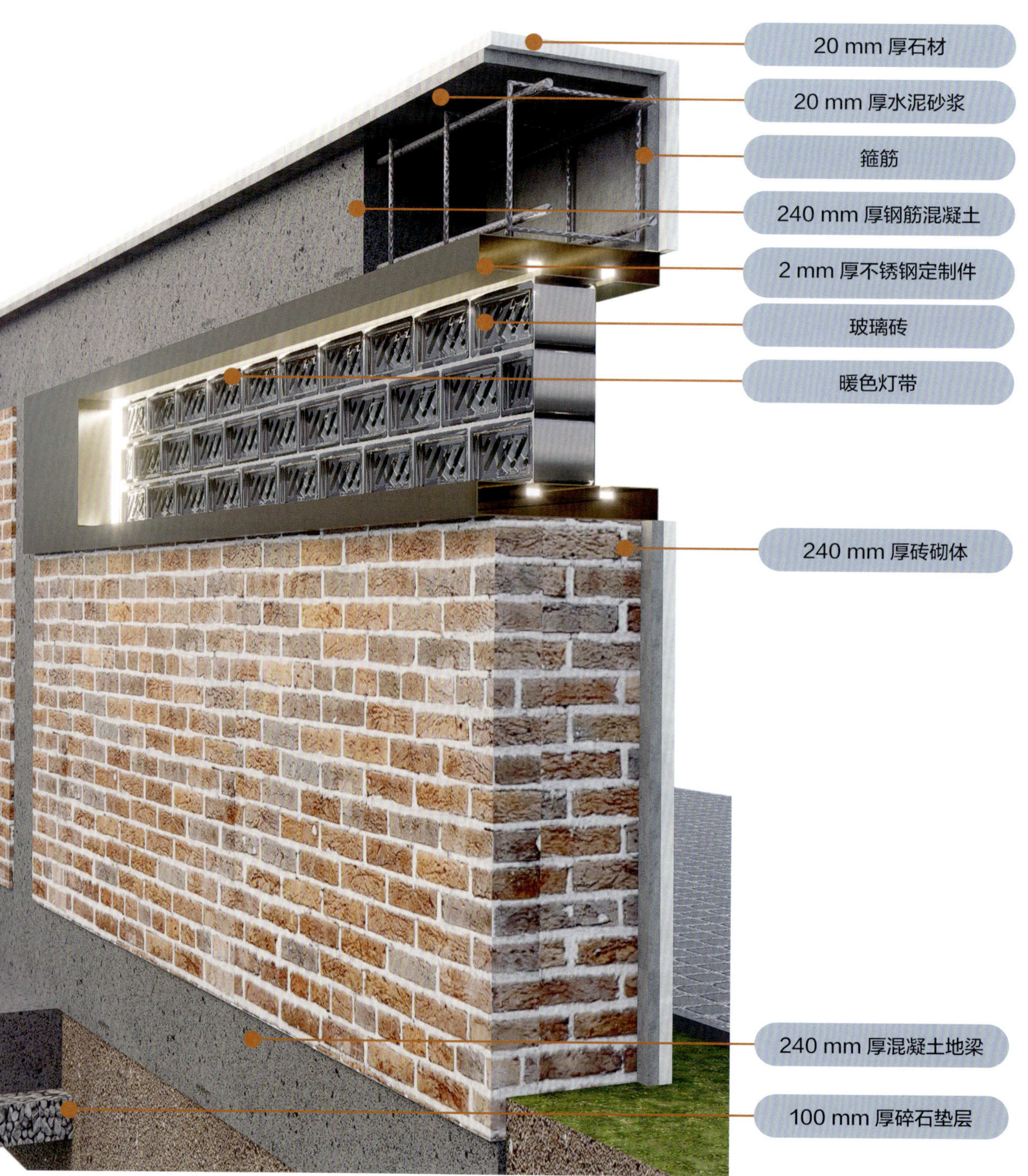

构造剖视图（一）

240×240混凝土梁
主筋4 ⌀14 箍筋Φ8@200
暗藏暖色光源
200×100×50 透明玻璃砖
结构胶粘
2厚黑色不锈钢定制件

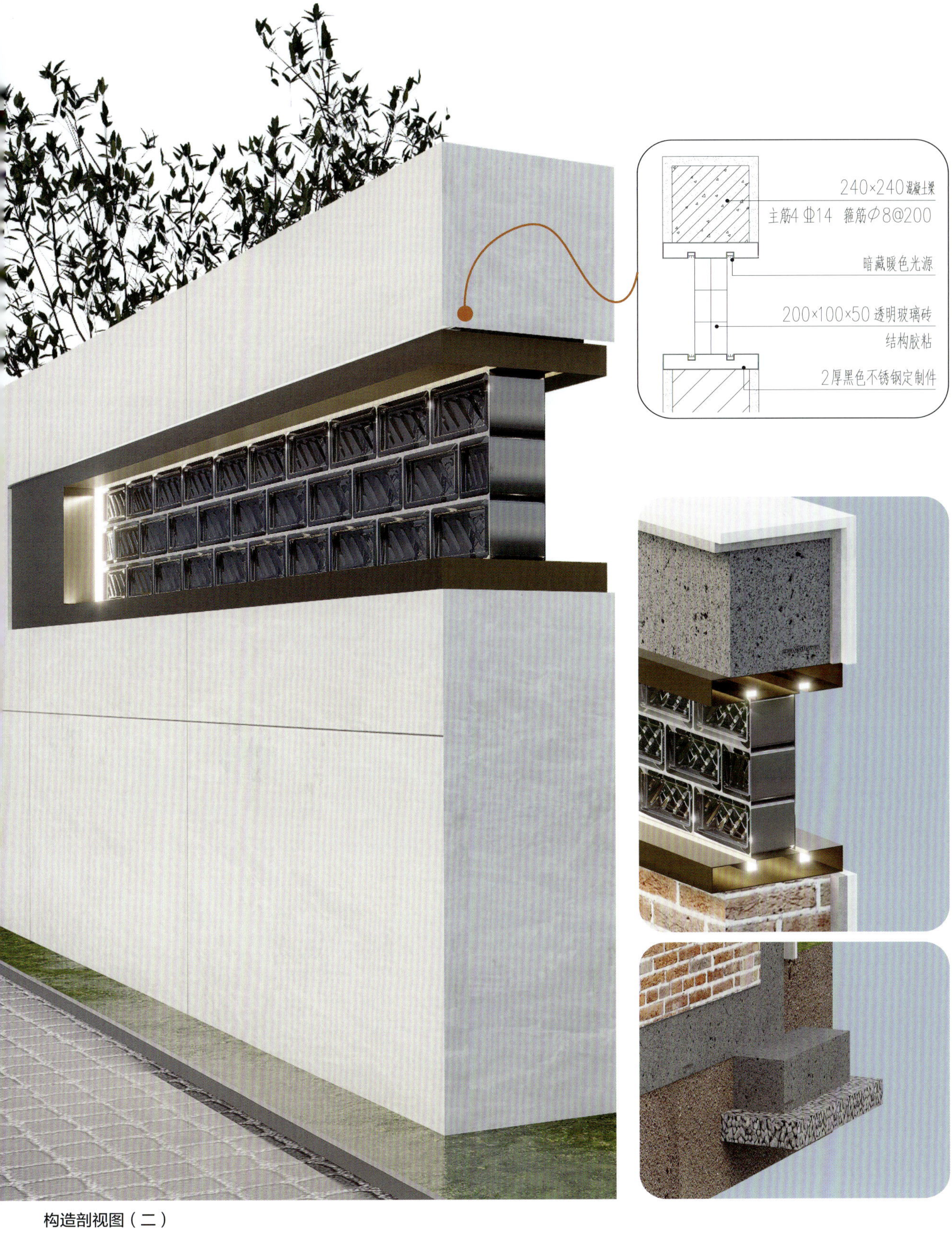

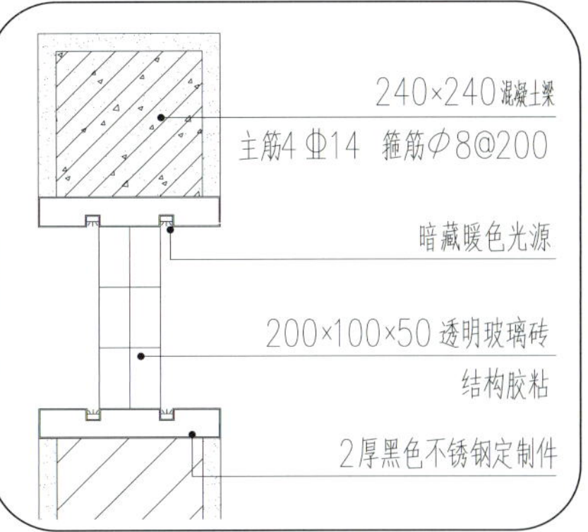

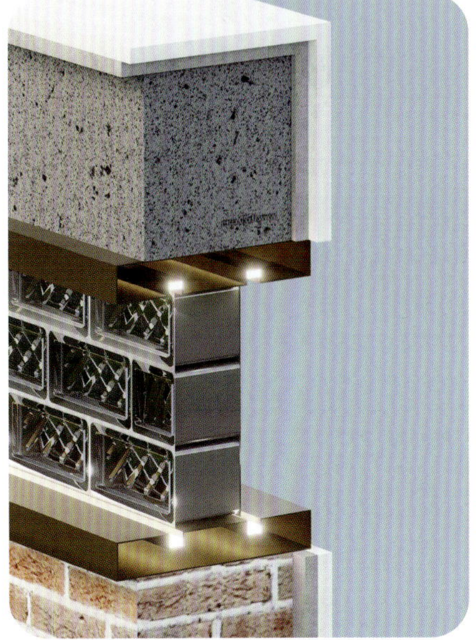

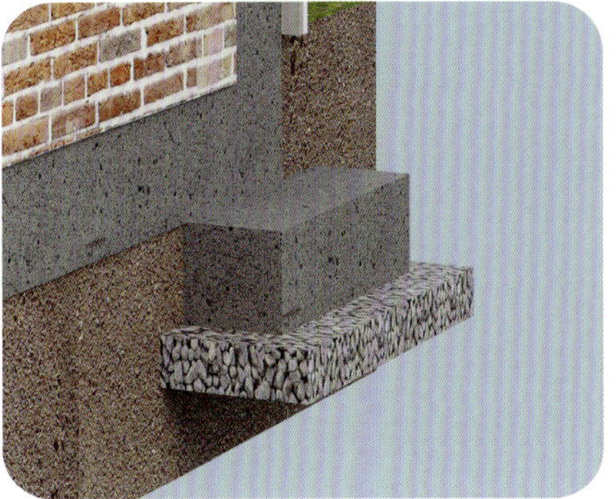

构造剖视图（二）

2.4 庭院卡座

▶ 卡座的分类

卡座是在庭院中设置的固定家具，通常用于休闲和观景，不仅能增加庭院的情调，还能有效利用空间，适合各类尺度的庭院空间。

1. 按设计风格分类

现代风格：卡座通常采用简洁的设计元素，比如水泥下沉式卡座、防腐木卡座。

传统风格：这种类型的卡座多采用天然石材或木材，强调自然和历史感。

2. 按形状分类

一字形卡座：适用于面积较小的庭院，可以充分利用墙面或角落位置。

L 形卡座：适合转角位置，能够充分利用空间，并且具有一定的收纳功能。

U 形卡座：适合面积较大的庭院，可以围合出舒适的休憩区域。

弧形卡座：适合曲线形的庭院空间，能增加视觉上的美感。

3. 按材料分类

水泥下沉式卡座：具有可塑性强、表现力丰富的特点，适用于园林和其他场所。

防腐木卡座：适合江浙沪地区的小庭院，颜色以浅色为主，简约大气，搭配绿化植物效果会更佳。

石材卡座：以坚固和耐用的特性著称，适用于需要额外稳定性和耐久性的场合。石材的表面处理可以多样化，增加设计的现代感和层次感。

铁艺卡座：适合户外餐厅和公园景观，耐用性强、装饰性佳。

庭院卡座、吧台、操作台的尺寸

椅子的座高是指座椅面前沿中心点到地面的垂直距离。合适的座高能够使大腿保持水平，小腿垂直，双脚平稳地踩在地面上，确保身体处于舒适的姿势。如果座高过高，可能会压迫大腿，造成不适；而座高过低，则容易引起身体疲劳和不适。因此，选择合适的座高对保持良好的坐姿和舒适度至关重要。

通常庭院卡座的舒适座高为 400 ～ 450 mm，吧台椅的高度为 700 ～ 800 mm，吧台的高度为 1000 ～ 1200 mm，户外操作台的高度为 820 ～ 900 mm。

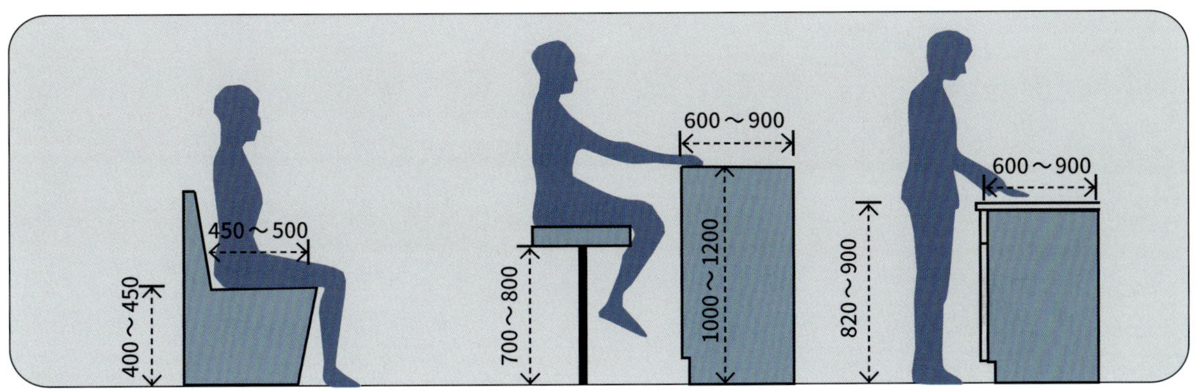

小专栏 室外坐垫材质推荐

室外坐垫的材质通常需要具备耐候性、防水性和抗紫外线的特性，以应对户外环境的变化。常见的室外坐垫材质包括亚麻、牛津布、合成纤维等。

选择室外坐垫时要考虑材质的耐用性、防水性、舒适性以及维护难度。通常合成纤维比如聚酯纤维和聚丙烯较为常用，装饰效果好，且价格合适。

牛津布坐垫细节

圆形卡座坐垫

聚酯纤维坐垫细节

▶ 贴砖卡座

1. 场景展示

贴砖卡座应用场景

2. 构造剖视图

构造剖视图（一）

成品座垫
山东白麻花岗岩光面600×600×20
20厚1:2水泥砂浆结合层
MU10页岩砖M7.5水泥砂浆砌筑
倒圆角R=3，打蜡抛光
20厚1:2水泥砂浆结合层
山东白麻花岗岩光面600×250×20
山东白麻花岗岩光面600×100×20
LED 灯带
山东白麻花岗岩光面20×20×300
标准铺装断面
150 mm 厚碎石垫层
100 mm 厚 C20 混凝土

构造剖视图（二）

20 mm 厚石材倒双边圆角
20 mm 厚水泥砂浆层
砖砌体
50 mm 厚石材倒单边圆角
暖色灯带
树脂排水沟
线形排水沟
线形排水沟井盖

防腐木卡座

1. 场景展示

防腐木卡座应用场景

2. 构造剖视图

构造剖视图（一）

菠萝格防腐木
固定件
化学螺栓固定
C20 混凝土垫层
砖砌体
地脚灯
福鼎黑花岗岩
20 mm 厚福鼎黑花岗岩
黑色砾石散铺
地脚灯
20 mm 厚石材
20 mm 厚水泥砂浆

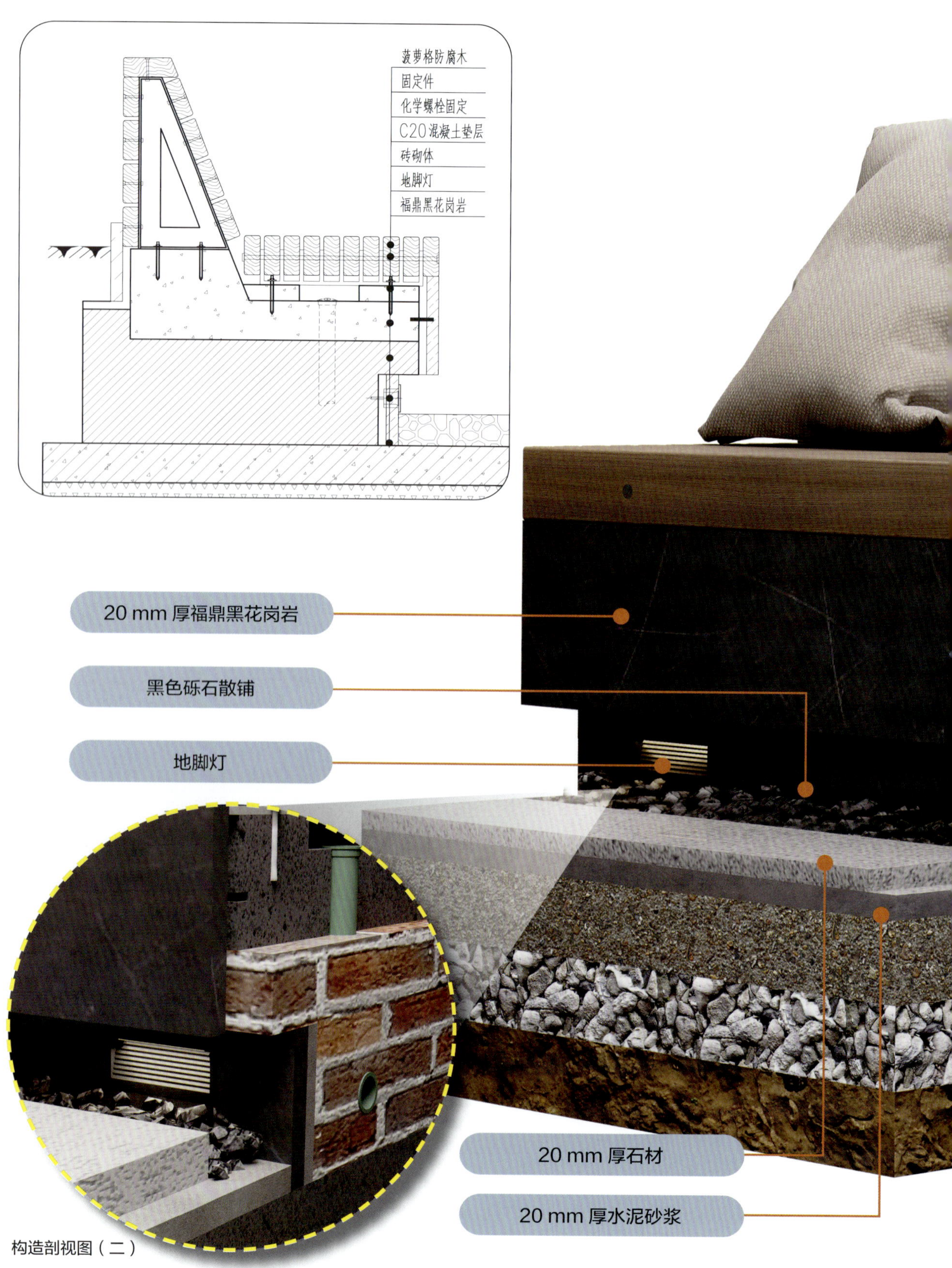

构造剖视图（二）

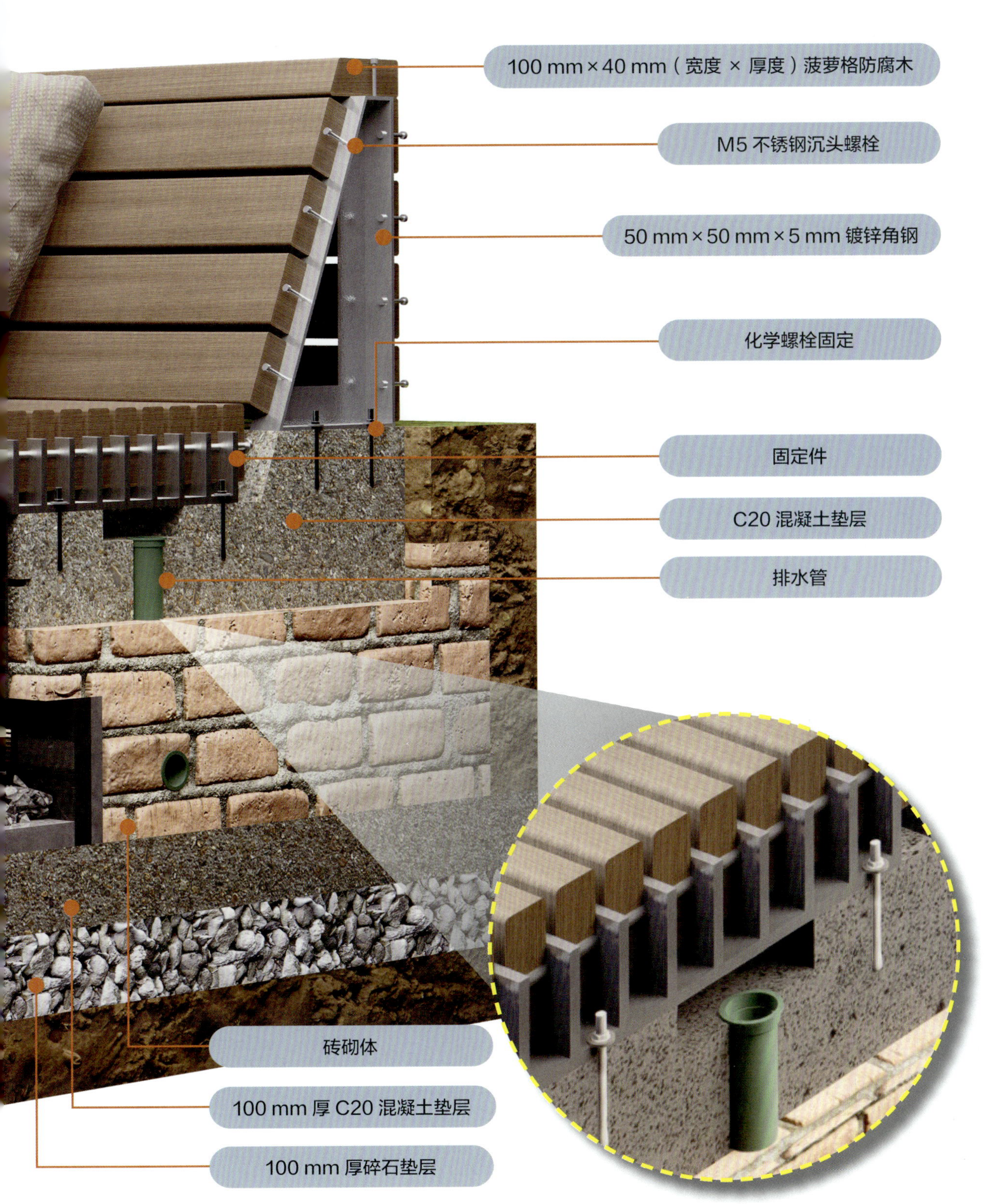

100 mm × 40 mm（宽度 × 厚度）菠萝格防腐木
M5 不锈钢沉头螺栓
50 mm × 50 mm × 5 mm 镀锌角钢
化学螺栓固定
固定件
C20 混凝土垫层
排水管
砖砌体
100 mm 厚 C20 混凝土垫层
100 mm 厚碎石垫层

水磨石卡座

1. 场景展示

水磨石卡座应用场景

2. 构造剖视图

构造剖视图（一）

20厚米色水磨石
20厚水泥砂浆
砖砌体
24V低压灯带
20厚石材贴面
20厚水泥砂浆
150厚C20混凝土垫层
100厚碎石垫层
素土夯实

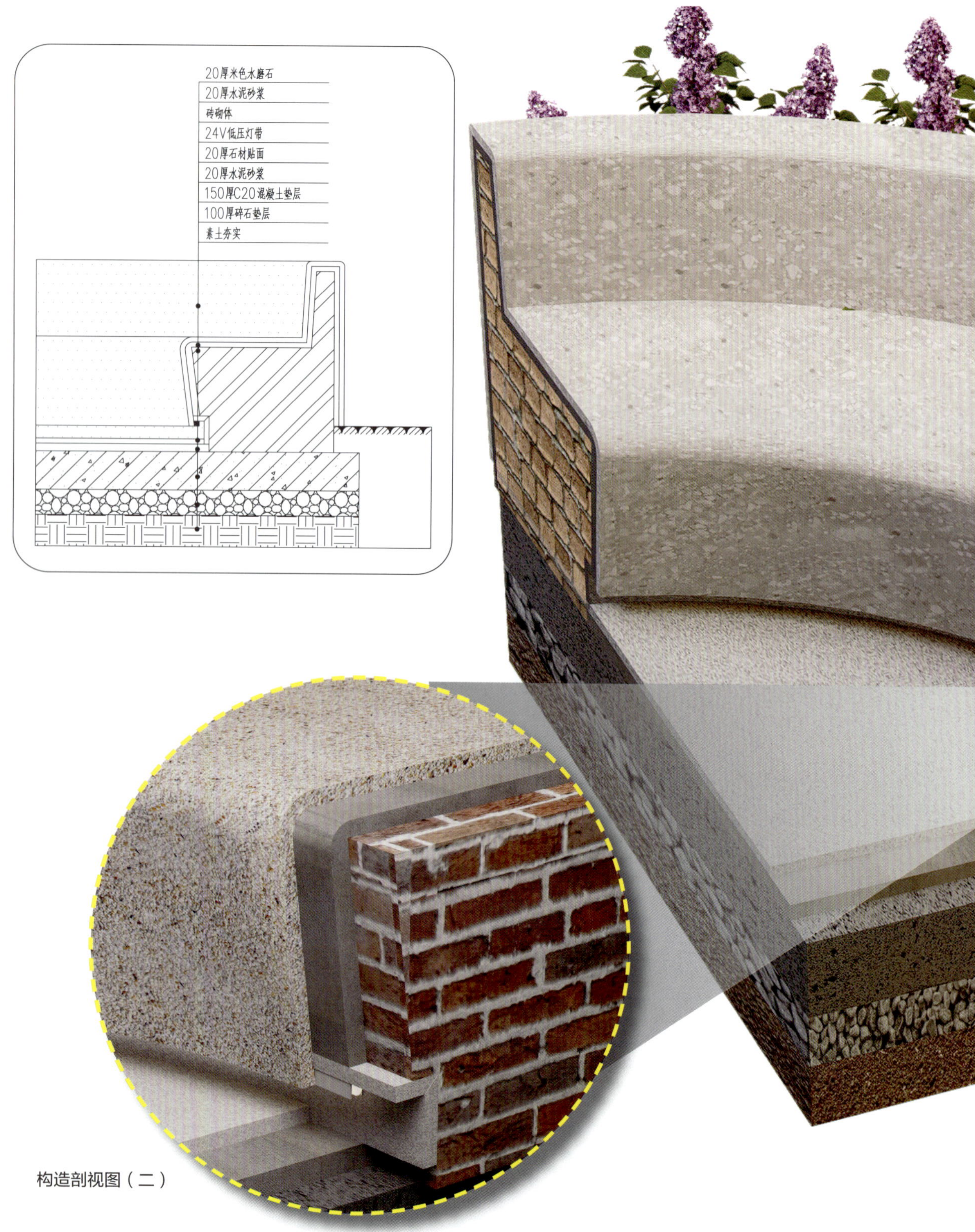

构造剖视图（二）

20 mm 厚米色水磨石
20 mm 厚水泥砂浆
砖砌体
24 V 低压灯带
150 mm 厚 C20 混凝土垫层
100 mm 厚碎石垫层
20 mm 厚水泥砂浆
20 mm 厚石材贴面

▶ 悬挑卡座

1. 户外座垫悬挑卡座

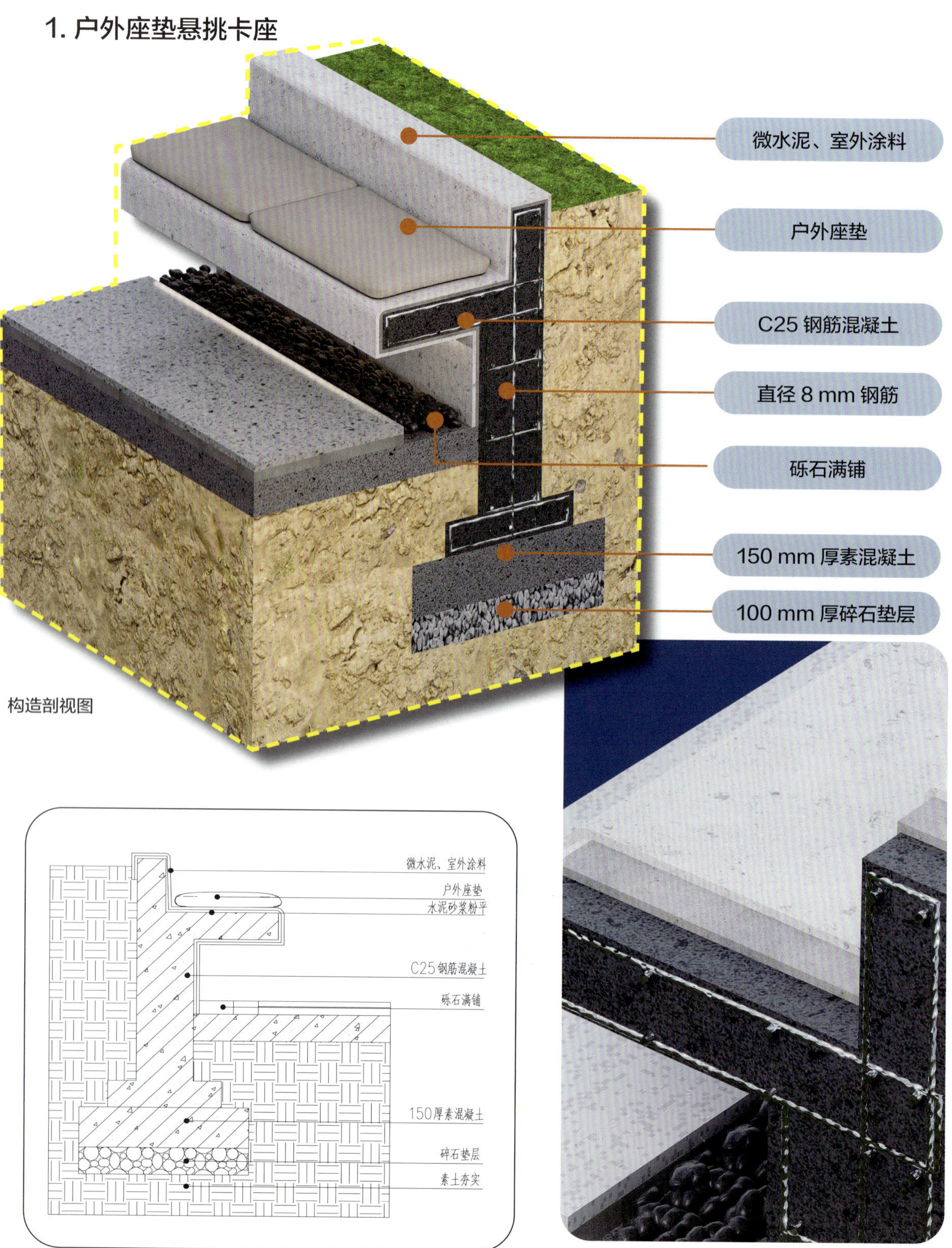

2. 防腐木悬挑卡座

微水泥、室外涂料
水泥砂浆粉刷平整
防腐木
膨胀螺栓
20 mm 厚石材
150 mm 厚素混凝土
100 mm 厚碎石垫层
构造剖视图
微水泥
水泥砂浆粉平
防腐木
膨胀螺栓
镀锌角钢
100厚钢筋混凝土
20厚石材铺地
150厚素混凝土
碎石垫层

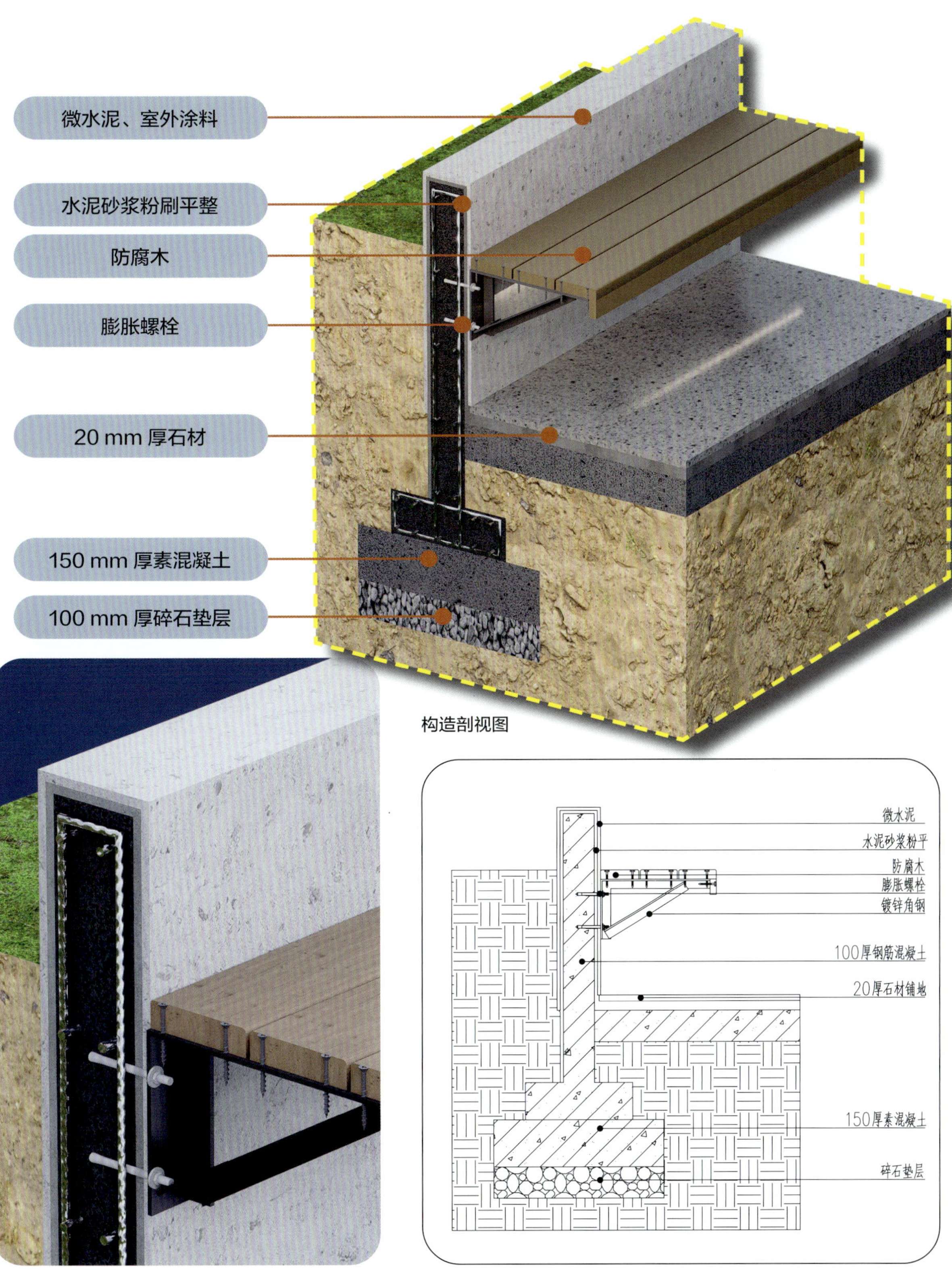

2.5 庭院操作台

▶ 庭院操作台的功能和材质

庭院操作台是一种常见于户外庭院和庭院中的多功能家具，通常用于园艺操作、户外烹饪或其他户外活动，兼具实用性与美观性，能为庭院活动提供便利。

1. 庭院操作台的功能

园艺操作：操作台通常设计有较高的工作台面，便于种植、修剪、施肥等，可配备工具架或存储空间，方便整理和存放园艺工具。

户外烹饪：一些操作台还具有烹饪功能，配备了水槽、燃气炉或其他厨房设施，适用于庭院烧烤、露天烹饪等活动。

存储物品：很多操作台都配有抽屉、储物柜或开放式层板，用于存放各种园艺工具、食材或其他户外物品，确保庭院整洁有序。

2. 庭院操作台的材质

木材：木质操作台外观自然、简洁，适合田园风格或乡村风格的庭院，常用的木材有橡木、杉木等，需要定期保养。

天然石材：比如花岗岩，坚硬耐磨，耐腐蚀，其天然的纹理适合田园风格的庭院。

金属：比如不锈钢或铝合金，具有较强的耐候性和耐用性，适合现代风格的庭院，容易清洁。

混凝土：轻便且抗腐蚀，适合湿润的环境，维护简单。

砖砌操作台（一）

砖砌操作台（二）

砖砌操作台（三）

混凝土操作台

▶ 砖砌操作台

1. 构造剖视图

砖砌操作台构造剖视图

2. 尺寸细节

3. 饰面材料

庭院操作台的材料可分为贴面材料和装饰材料两类。

（1）贴面材料

主要的贴面材料包括天然石材、岩板、水磨石和水洗石等。

天然石材： 比如大理石、花岗岩，耐用且高端，适合欧式风格的庭院。

岩板： 硬度高，极具现代感，适合极简风格的庭院。

水磨石： 颗粒感独特，艺术感强，适合复古风格或现代风格的庭院。

水洗石： 自然朴素，耐用且防滑，适合户外环境。

（2）装饰材料

装饰材料包括木材、不锈钢、复合材料和铝合金等。

木材： 温暖自然，适合田园风格或日式风格。

不锈钢： 现代简洁，耐腐蚀，适合工业风格或现代风格。

复合材料： 比如塑木等，耐用且无须过多维护，适合现代风格的庭院。

铝合金： 轻巧坚固，抗氧化，适合简约风格或工业风格的庭院。

砖砌操作台

▶ 混凝土操作台

1. 构造剖视图

混凝土操作台构造剖视图

2. 尺寸细节

3. 施工注意事项

一体浇筑的操作台适合现代风格或工业风格的庭院，通过精细设计和施工能保证长期的稳定性与美观性。施工过程中应注意以下几点：

①**设计结构：**确保承重需求和支撑设计精准，避免产生误差，影响正常使用。

②**防水处理：**使用防水添加剂或涂层，保证台面不受水分侵害。

③**表面处理：**通过磨光、抛光等工艺改善表面，增强美观性与易清洁性。

④**温控与养护：**控制浇筑过程中的温度，确保混凝土充分固化，避免后期产生裂纹。

⑤**预埋管线：**预埋水电管线，避免后期改造。

⑥**台面设计：**合理设计操作台和储物空间，边缘圆滑，确保使用的安全性。

混凝土操作台

2.6 庭院花池

▶ 花池的类型和材质

花池是用于种植花卉、草本植物或小型灌木的土坑或容器，是景观设计的重要组成部分，也是提升居住环境质量的关键元素。通过合理的设计和精心养护，花池可以为庭院增添绿意。无论是在庭院、阳台花园、露台庭院，还是在商业园区，花池都能发挥其独特的作用。

1. 花池的类型

传统贴砖花池：大部分花池都采用贴砖形式，内部为砖砌结构。

极简窄边花池：适用于现代极简风格的庭院，建议使用天然石材饰面。

金属花池：在商业景观中比较常见，居家使用时应注意排水设计。

露台花池：注意防水、排水设计，避免植物闷根。

2. 花池的材质

砖石：经典耐用，适合地面花池或围墙花池，稳固且具有自然质感。

木材：温润自然，适合乡村风格或自然风格的花池。

混凝土：现代感强，能制作出各种形态的花池，适合都市环境。

透水砖：促进水土保持的同时，能有效管理排水问题，适用于需要良好排水性能的地区。

金属框架：适用于现代简约风格的花池，耐久性强且设计感十足。

树脂和合成材料：轻便、耐候，适合做移动花池。

砌筑花池

极简窄边花池

金属花池

砖砌花池施工流程及要点

1. 砖砌花池的施工流程

砖砌花池的施工流程主要包括以下步骤：测量放线、基层清理、垫层浇筑、砌筑池壁、池壁抹灰、背面涂刷防水层和面层黏结。

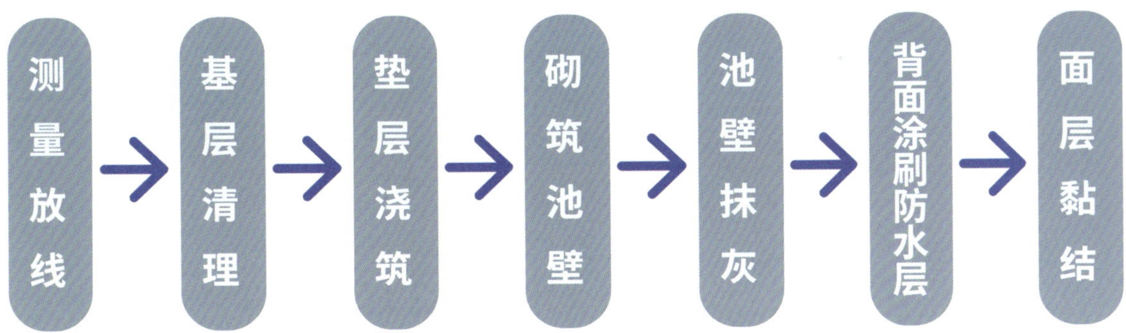

2. 砖砌花池的施工要点

①砖砌花池及树池不宜种植根系发达的乔木，若必须种植，则应采用现浇混凝土代替砖砌体。

②砖砌花池及树池高度不应大于 1 m， 高度大于 40 cm 的花池最好单独做基础。

③花池及树池背侧需做聚合物水泥防水涂料一层（2 mm 厚）和水泥砂浆找平保护层。

④花池底部安装管径 110 mm 的 PVC 穿孔盲管，从基层底部就近引入排水系统。

贴砖花池

贴砖花池

白木纹花岗岩光面
30 厚白木纹花岗岩光面
20 厚水泥砂浆
240 厚砖砌体
20 厚水泥砂浆掺防水粉
50 mm 厚白木纹花岗岩光面
石材拉槽处理
30 mm 厚白木纹花岗岩光面
240 mm 厚砖砌体
100 mm 厚素混凝土
20 mm 厚水泥砂浆
100 mm 厚素混凝土

构造剖视图

悬浮感窄边花池

悬浮感窄边花池

18厚石英砖
15厚结合层（背胶）
15厚抹灰层+防水
240厚砖砌体
暖色灯带
18 mm 厚石英砖
小红砖
30 mm 厚水泥砂浆（含背胶）
暖色灯带
50 mm 厚水泥砂浆
砾石满铺
150 mm 厚素混凝土
100 mm 厚碎石垫层

构造剖视图

金属花池

金属花池

5厚镀锌钢板
膨胀螺栓固定
槽钢龙骨
125厚砖砌体
20厚水泥砂浆
暖色灯带
5 mm 厚镀锌钢板
膨胀螺栓
槽钢龙骨
膨胀螺栓
125 mm 厚砖砌体
暖色灯带
20 mm 厚水泥砂浆
100 mm 厚素混凝土
100 mm 厚碎石垫层

构造剖视图

▶ 阳台、露台花池

阳台、露台花池

种植土
土工布
陶粒层
土工布
蓄排水板
隔根层
防水层
水泥砂浆粉刷层
原浇筑层
20 mm 厚石英砖
原浇筑层
水泥砂浆粉刷层
防水层
土工布
陶粒层
土工布
蓄排水板
隔根层
120 mm 厚砖砌体

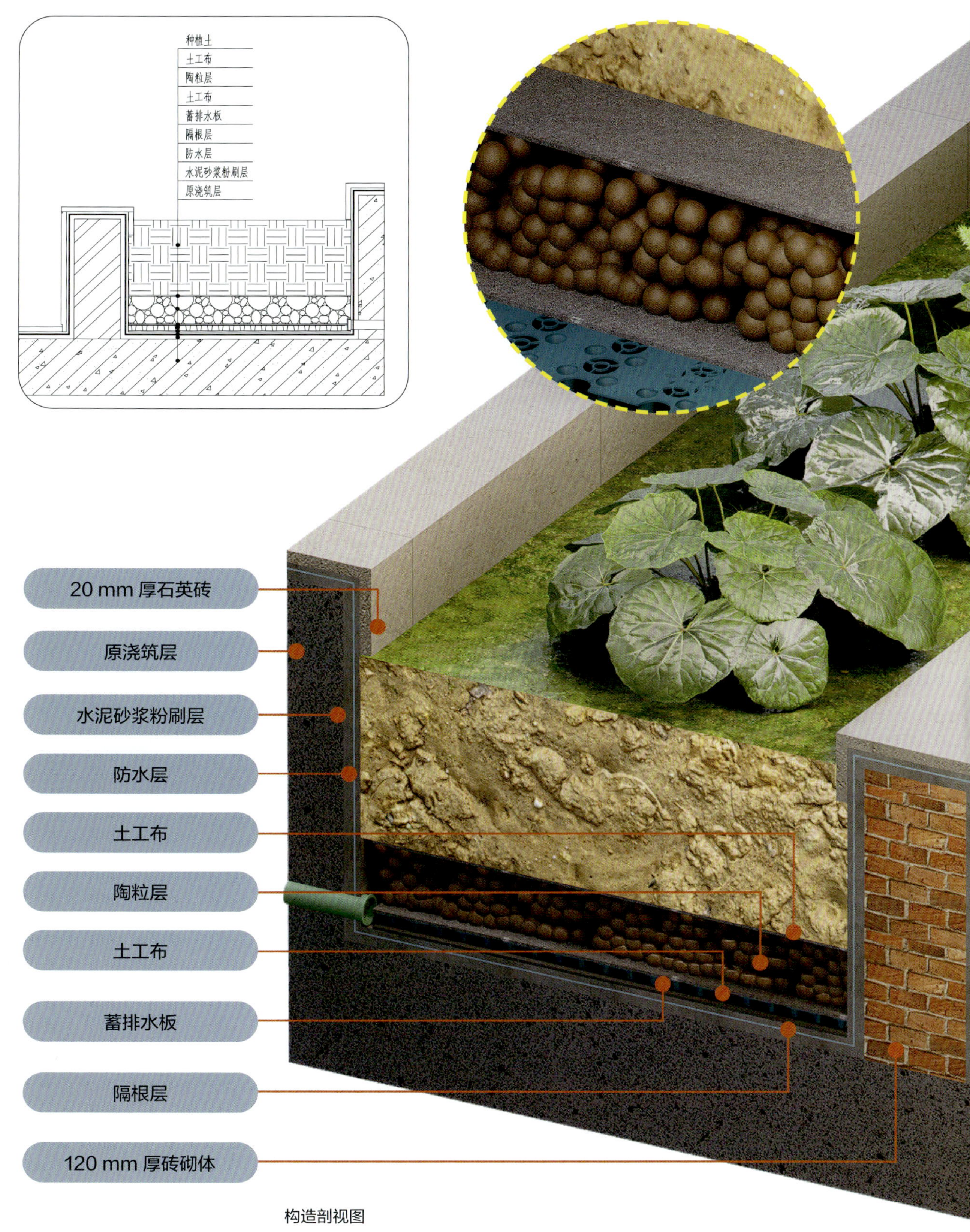

构造剖视图

小专栏 石材返碱的原因

◎石材本身的特性

石材底部的碱性物质在水的媒介下与石材中的碳酸盐发生化学反应，形成新的碱盐的水溶液。若石材底部和石材表面存在温差，则碱盐的水溶液必然通过石材的毛孔向外析出，到达石材表面，待水分挥发后产生结晶（结晶物呈白色粉末状），残留于石材表面，这就是石材返碱白华现象。

在选购石材时，可选择含碱量较低的材料，减少石材返碱的可能性。

◎施工不当

①石材未做养护。

②打磨时过多水分渗入石材底部。而打磨结束后，石材没有彻底干燥就做了结晶处理。

③石材未彻底干燥就做了防护剂处理，会水解返碱。

石材返碱（一）

石材返碱（二）

小专栏 石材的碰角方式

石材碰角是石材加工中不可或缺的一步，可以使石材的边角变得平整、光滑，并且在与其他石材拼接时能够无缝衔接。下面推荐几种常见的碰角方式：

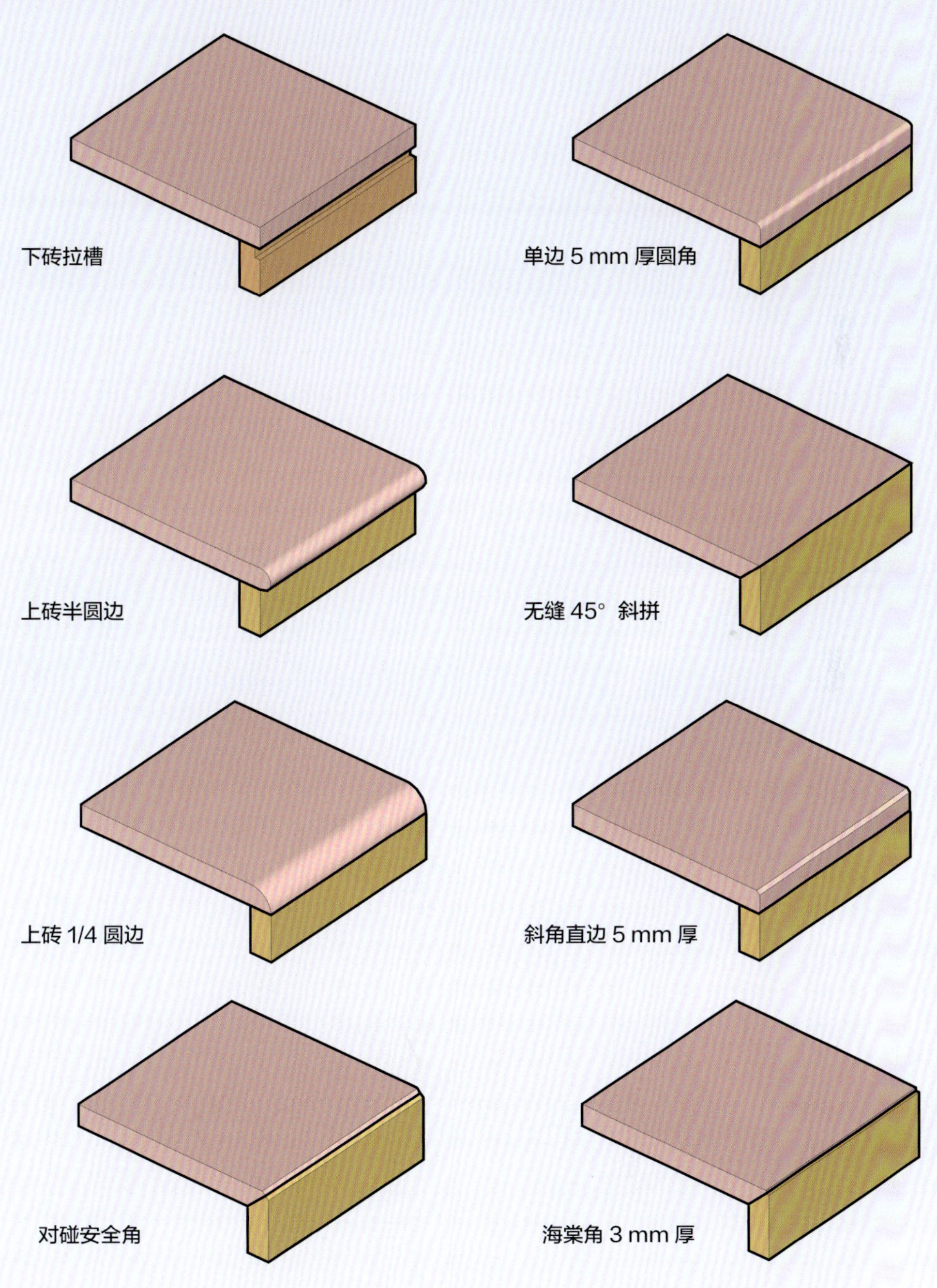

庭院水景

PART 3

3.1 浇筑鱼池
3.2 生态水景
3.3 装饰水景

3.1 浇筑鱼池

▶ 浇筑鱼池简介

浇筑鱼池多见于大型庭院，或者锦鲤爱好者的庭院。它的优势是性能稳定，浇筑完成后，如果前期试水没有问题，后期基本不会漏水，并且水质较稳定，适用于各种尺度的水景。它的弊端在于施工较为复杂，工期长，费用高，不建议自然式小庭院使用。

完整的浇筑鱼池由三个部分构成，分别是鱼池主体、过滤仓和排管系统。只有合理规划这三个部分，才能建造出水质稳定的鱼池。

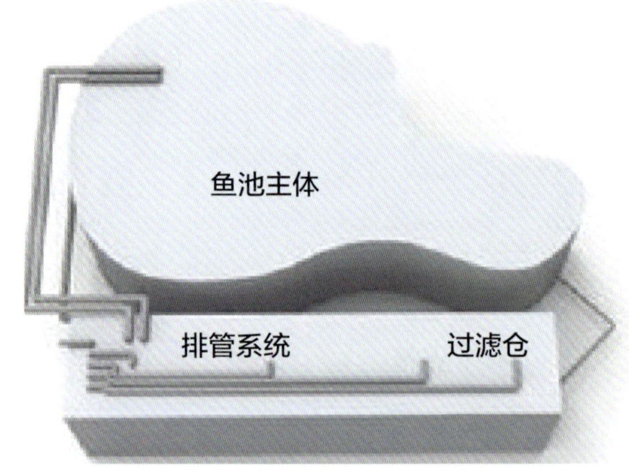

浇筑鱼池系统简化模型

浇筑鱼池

浇筑鱼池施工步骤

1. 前期规划

鱼池施工前期需要确定以下几点：

①面积、方位：依具体情况而定，每户要求不同。

②鱼池深度：鱼池越浅，昼夜温差给鱼带来的伤害越大，因此鱼池的深度应达到 1.2 ~ 1.5 m，北方寒冷地区需要更深一点。

③鱼池形状：有方形、圆形、元宝形、肾形等。

④过滤形式：目前有传统过滤仓、外置一体化设备等，可根据预算、业主的使用习惯等确定过滤方式（本书以传统过滤仓为例）。

前期规划设计

2. 放线开挖

沿鱼池外沿口外扩 50 cm 下挖，在条件允许的情况下，建议使用机械设备开挖。这一步将过滤仓和鱼池主体一并开挖。

挖至设计标高后夯实底部、侧面，防止塌方。铺设 10 cm 高碎石垫层作为基础工作面。开挖时在鱼池边缘设置临时集水沟，便于随时抽走地面积水。

使用挖掘机开挖

3. 基层处理

铺设好碎石垫层后，再浇筑 10 cm 高素混凝土，作为基层筏板。筏板混凝土达到强度后，开始支鱼池外圈模板，异型水池建议使用砖模砌筑。

侧边模板完成后开始池底及侧壁的第一层钢筋绑扎（鱼池一般是采用双层双向绑扎，钢筋直径为 10 mm 或 12 mm，间距为 200 mm）

基层筏板施工

4. 整体排管

鱼池排管

第一层钢筋网铺设完成后，开始铺设管线。管道最好采用 UPVC 给水管（能承受 10 kg 的压力），并且应做好标记，防止后期搞混。同时做好管线的定位加固，防止浇筑时移位。

管线铺设完毕后，铺设池底、池壁的第二层钢筋，后期将管线浇筑在混凝土内部。

5. 支模浇筑

鱼池浇筑

鱼池内模材质可根据现场条件合理选择，可以是砖模，也可以是木工板，还可以是两者的结合。注意：一定要做好模板的加固，防止炸模。

池底和侧壁宜一次性浇筑，若分开浇筑，则建议用止水钢板。浇筑的时候振动棒要振捣到位。

6. 拆模分仓

过滤仓分仓

在温度适宜的情况下，通常 3 天即可拆模。模板拆除后，放满水，检测池子是否漏水。

主体试水的同时，对过滤池进行分仓，可以使用砖砌、石材以及 PP 板材等。

7. 防水处理

池底和过滤池找坡，做出锅底形状，坡度宜大不宜小。坡度找好之后就要批灰粉光。

鱼池粉光后就要做防水，建议选择柔性的防水涂料，涂刷 3 遍。

防水做好后，用乙酸或醋酸做泡水处理，同时开启气泵和水泵，让水加快流动，促进碱性中和挥发。

防水处理

8. 填充滤材

以传统过滤仓为例，一般的过滤材料有毛刷、生化棉、细菌屋。过滤设备有循环水泵、氧气泵、杀菌灯等，有多种搭配方式，要选择适合的等级配置。

规范安装，有利于后期维护打理。

填充滤材

9. 堆山叠石

选择适合搭配鱼池的石头或其他小品进行装饰，常用的石头有太湖石、泰山石、灵璧石、龟纹石、野山石、英石等。

若有需要，也可以适当美化池壁。

鱼池完成效果

▶ 浇筑鱼池水循环系统

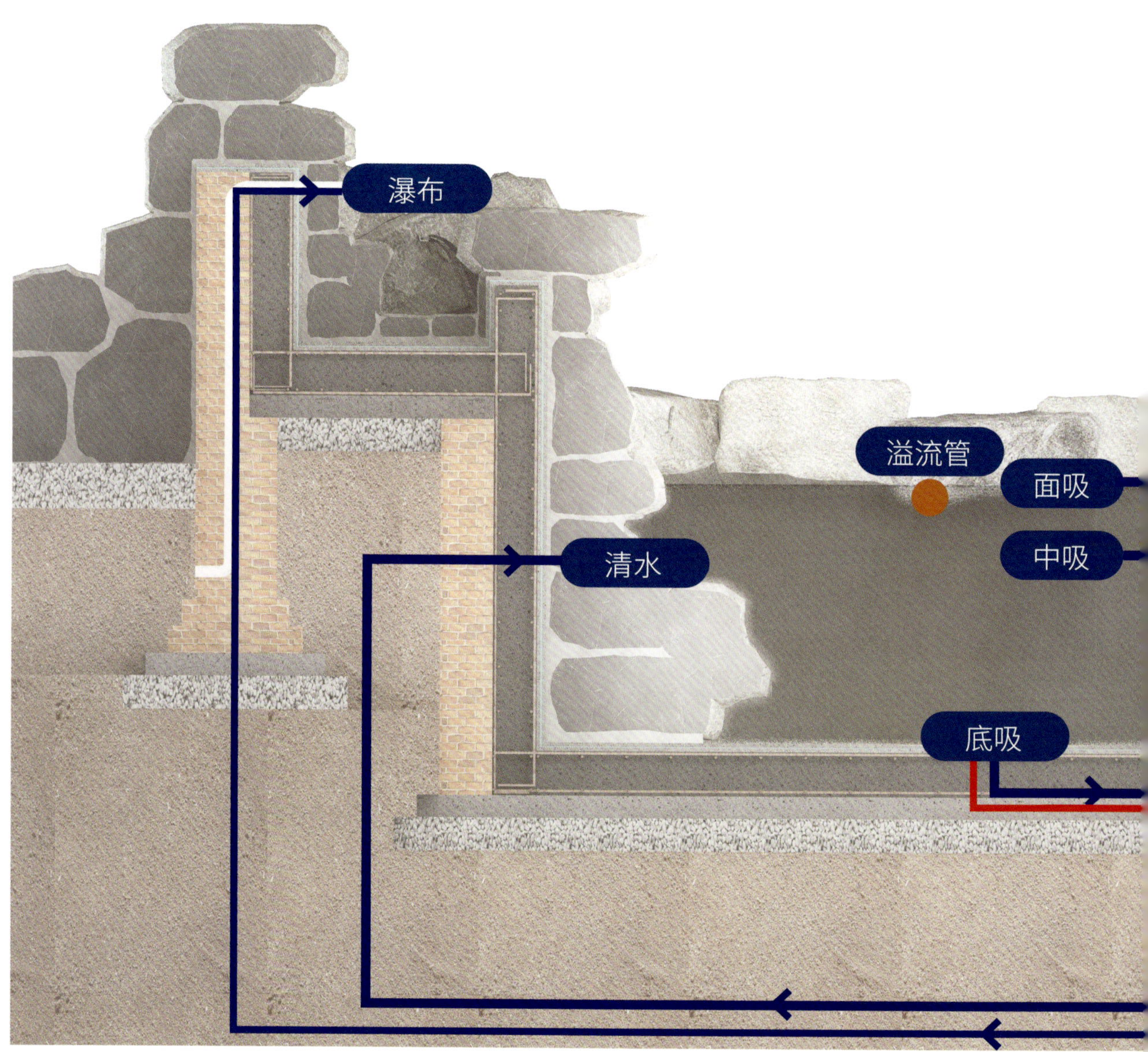

浇筑鱼池水循环系统示意图

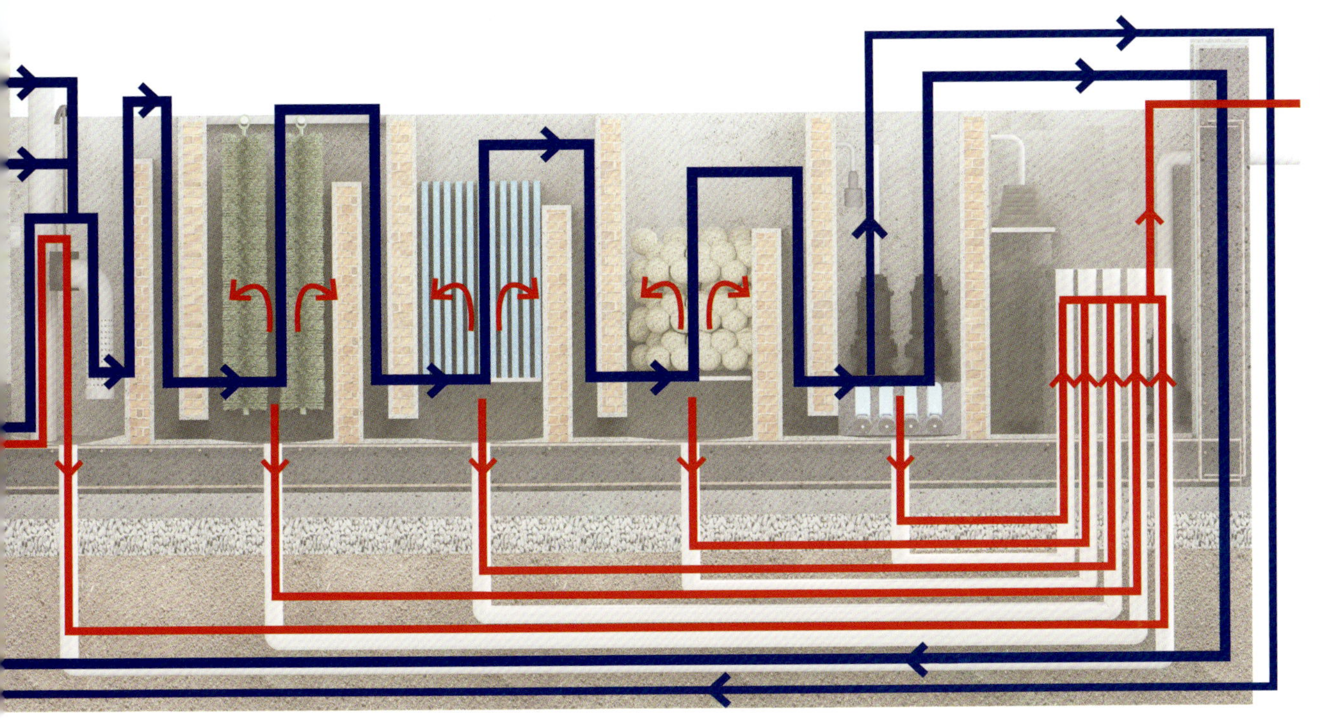
污水循环
净水循环

▶ 浇筑鱼池主体剖视图

浇筑鱼池主体剖视图

浇筑鱼池的施工注意事项

①浇筑鱼池的池壁要一次性浇铸成型，混凝土振捣密实。有条件的话，可以加入抗渗剂和膨胀剂，这样防水效果会更好。

②转角处和管口处要涂刷堵漏王。池壁最上面 20 cm 高的地方收窄，留出 10 cm 左右小平台，方便布置灯光，以及后期摆放景观石头。

过滤仓的物理净化和化学净化

上图为传统过滤鱼池，过滤系统面积一般为水体面积的 1/4 ~ 1/3，池水一天至少要循环 7 次，10 ~ 15 次为理想次数。

流经过滤池的水经过物理净化和生物净化两个过程。物理净化是拦截饲料、枯枝、落叶等较大的固态漂浮物，减轻过滤系统的负担，同时可调节水流。生物净化的作用则是由微生物菌类分解转化水中的有害或超标的化学物质，杀灭水体中的病原菌和藻类，均衡微生物系统。两者相结合，水质净化的效果会更好。

▶ 浇筑鱼池构造剖视图

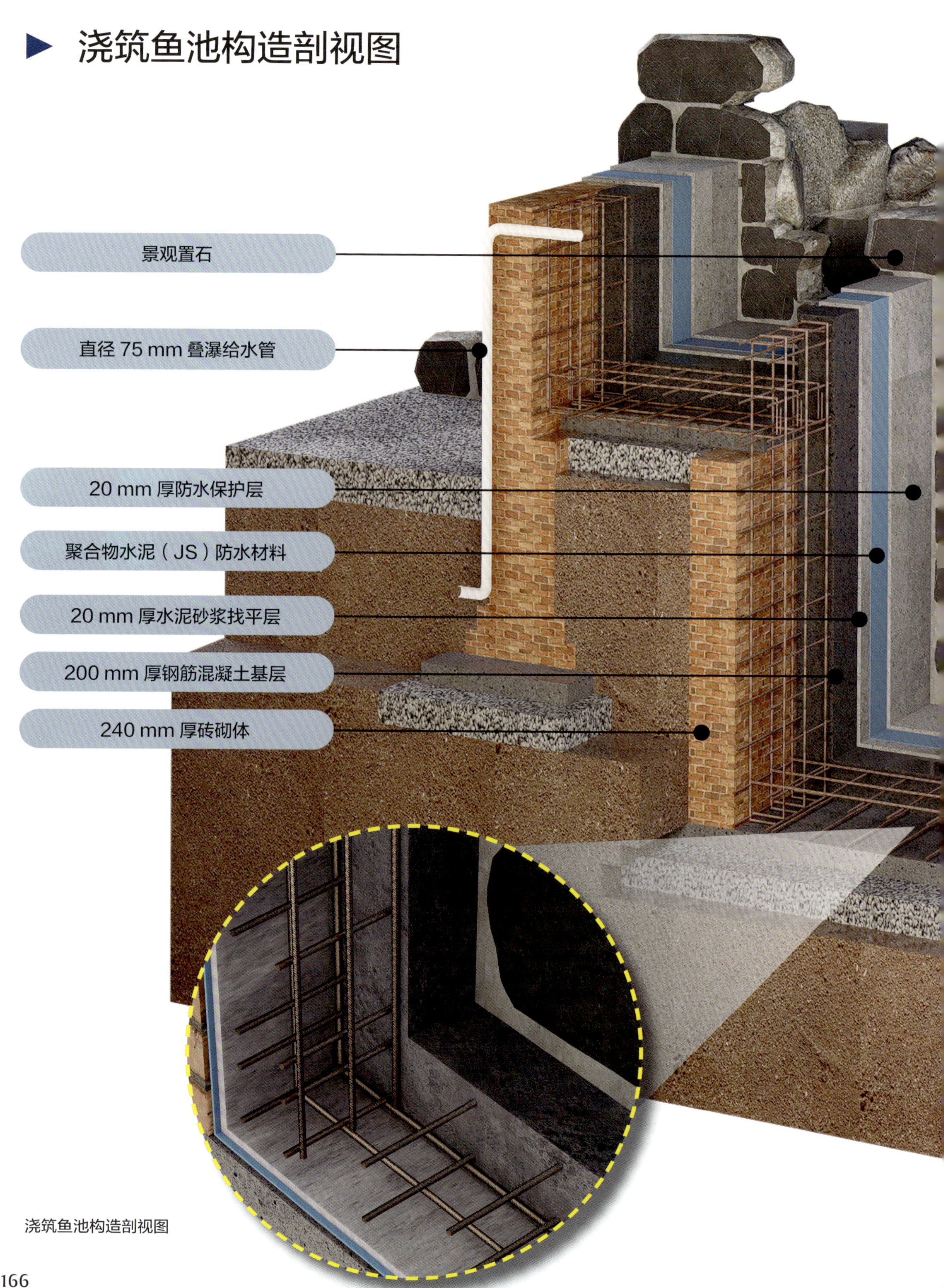

浇筑鱼池构造剖视图

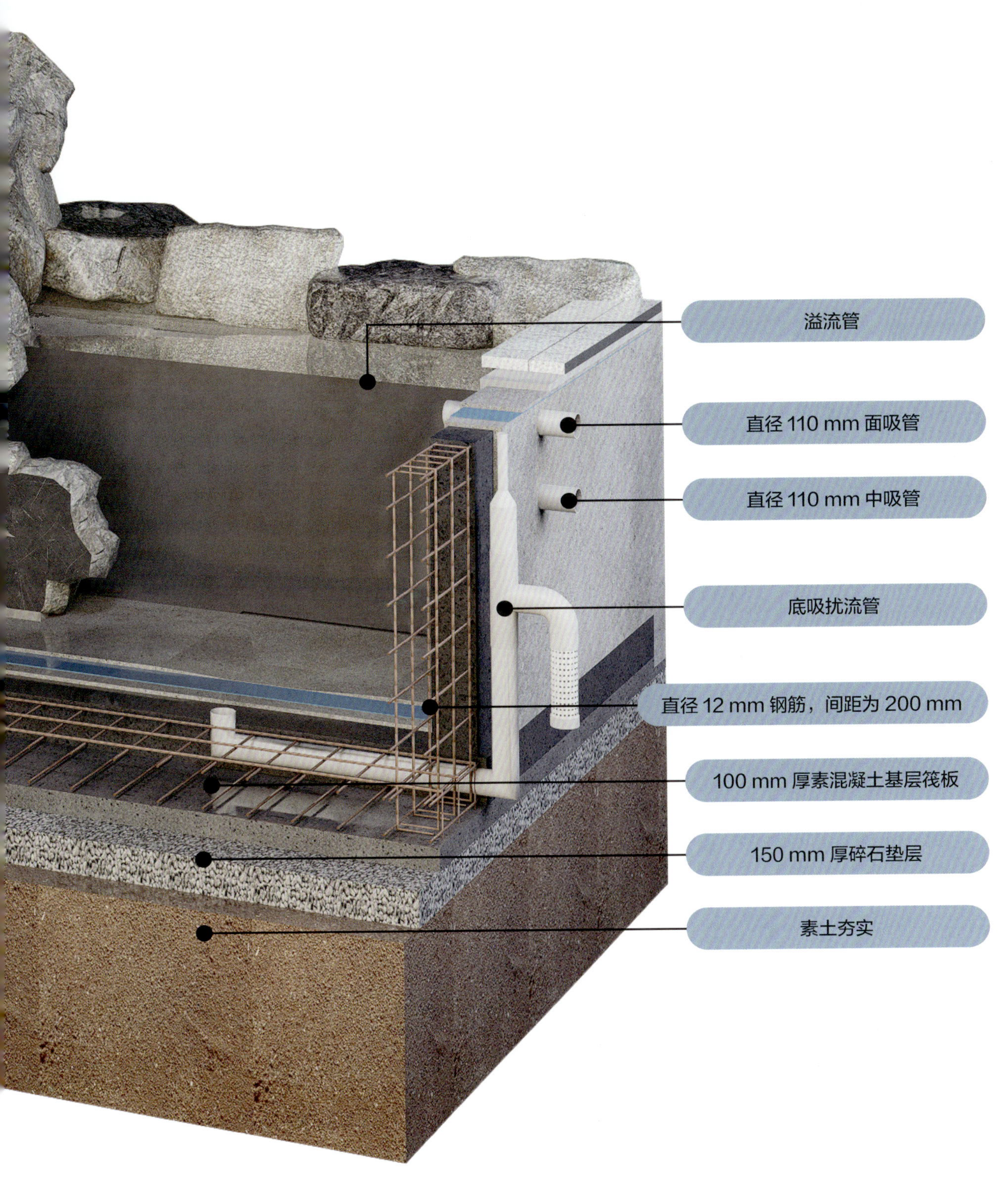
溢流管
直径 110 mm 面吸管
直径 110 mm 中吸管
底吸扰流管
直径 12 mm 钢筋，间距为 200 mm
100 mm 厚素混凝土基层筏板
150 mm 厚碎石垫层
素土夯实

▶ 浇筑鱼池过滤细节

浇筑鱼池过滤细节

细菌屋
自动补水球阀
清水给水泵
紫外线杀菌灯
叠瀑给水泵
氧气泵
拔管（实际高于水位线）
排污泵

小专栏　浇筑鱼池施工常见问题

◎过滤仓有哪些布置形式?

通常过滤仓的布置形式有以下四种：一字形、回字形、L 形和异型。

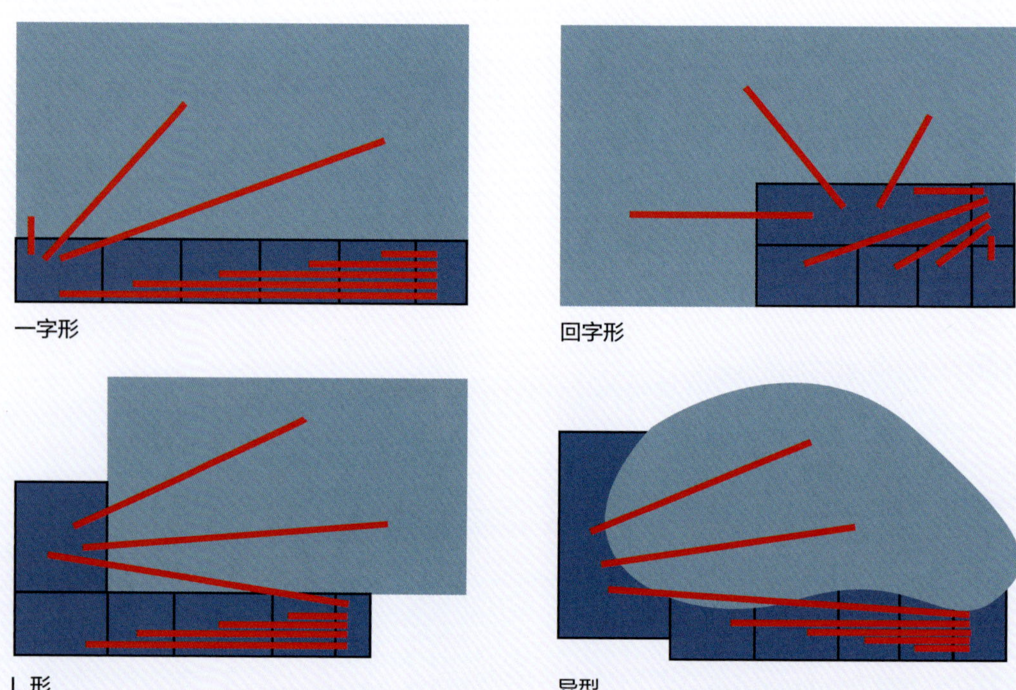

◎翻水板的工作原理是怎样的?

翻水板的作用是将过滤仓之间的水进行导流，将前一个仓的面水导流到下一个仓，变成底水，避免形成死水区。第一道翻水板应比主池水面低 15 cm，然后依次降低 5 cm。在翻水板下方留 5 ~ 8 cm 宽的空隙，挡水板与翻水板的间距为 5 ~ 8 cm。

10 ~ 20 t 鱼池过滤仓的宽度在 60 ~ 80 cm 之间，翻水板建议用瓷砖做。50 t 左右的鱼池过滤仓的宽度在 100 ~ 120 cm 之间，翻水板建议用芝麻灰岩板来做。100 t 以上的鱼池，翻水板建议用砖砌体。

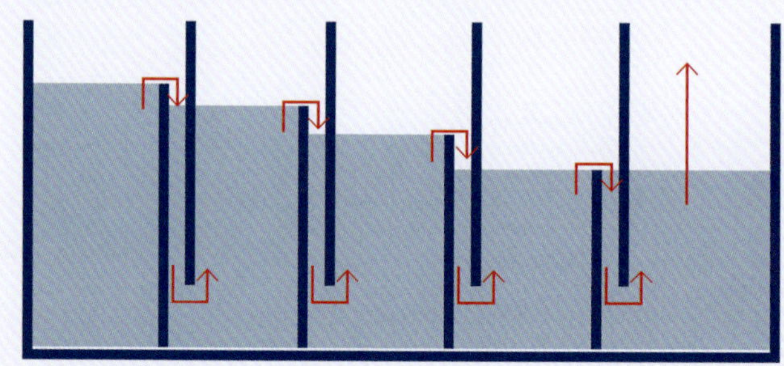

翻水板的工作原理

◎主池和过滤仓要做高差吗？做多少合适？

主池和过滤仓不一定要做高差，但有高差会更好。通常过滤仓比主池深 20 ~ 30 cm。如果底管的管径为 110 mm，主池和过滤仓的高差宜为 20 cm；如果底管的管径为 160 mm，主池和过滤仓的高差宜为 30 cm。

有高差的好处是方便排污，在循环时，由于过滤仓比主池低，其负压比主池的大，更容易把鱼池内的垃圾排出来。

◎主池和过滤仓的面积配比是多少？

过滤仓应占鱼池总体积的 1/4 ~ 1/3，通常配置沉淀仓、藤棉仓、生化仓和清水仓。各仓占比应是：沉淀仓：藤棉仓：生化仓：清水仓 =4 ：3 ：2 ：1。保证排污仓内能够放下拔管、水泵、氧气泵即可。

◎扰流 H 管的工作原理是什么？

扰流 H 管一般位于沉淀仓内，与底吸管相连，主池的水通过底吸水管进入 H 管，再通过均匀分布在 H 管上的孔洞进入沉淀仓内。这样可以打乱和减缓水流，有利于鱼粪等颗粒物的沉降。

扰流 H 管最好带拉板阀门。排过滤仓底部污水时，把闸门关闭，主池的水就不会流入沉淀仓，方便清洗过滤。不足之处是：如果扩散孔开得过小，可能会被树叶等杂物堵塞，造成断流，所以管壁开孔直径不宜过小，以 25 ~ 30 mm 为佳。

扰流 H 管

◎拔管仓的优化做法是什么？

为了避免手动拔管排污，可增加拉板阀。将原来用来插拔的管道连接三通，在侧边增加一个拉板阀，延长拉杆杆身，与旁边管道用PVC圈固定，以防弯倒。需要排污时，只需向上拉动拉杆，对应仓位内的污水就会从底部三通处流出，操作简便。

拔管仓

3.2 生态水景

▶ 生态水景的形式

1. 生态水景的介绍

生态水景是通过模拟自然水体的生态系统，利用植物、岩石、阳光、水和鱼类等自然元素，形成一个自维持的生物圈。这种系统不依赖化学物质，而是依靠自然生物进行水质净化，达到“虽由人作，宛自天开”的效果。其优点是造价低、工期短、维护成本低，适用于各种风格的庭院。

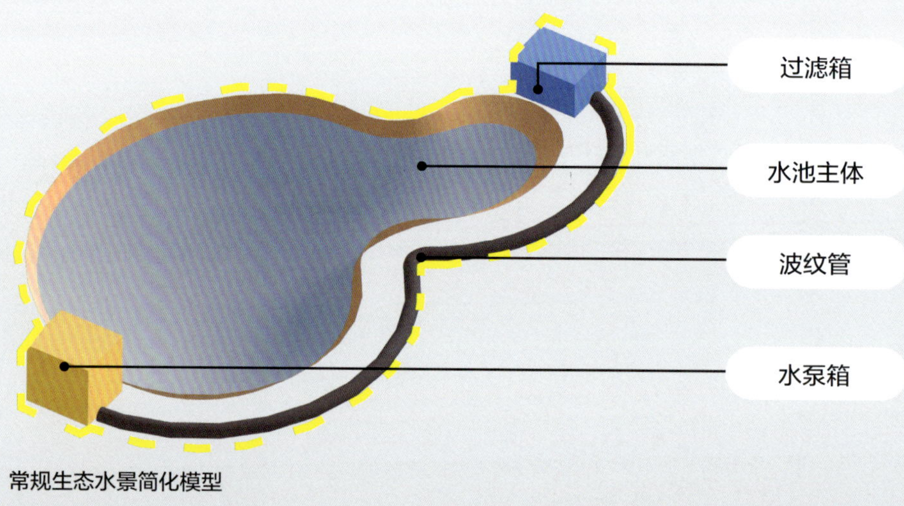

常规生态水景简化模型

生态水景

2. 生态水景的形式

（1）常规生态水景

生态鱼池的过滤方式大同小异，设备运行原理相似，细节各有不同。有些设备将水泵置于池底，用卵石掩盖；有些则将溢流口预设在过滤箱内，不需要另外在过滤膜上开口。

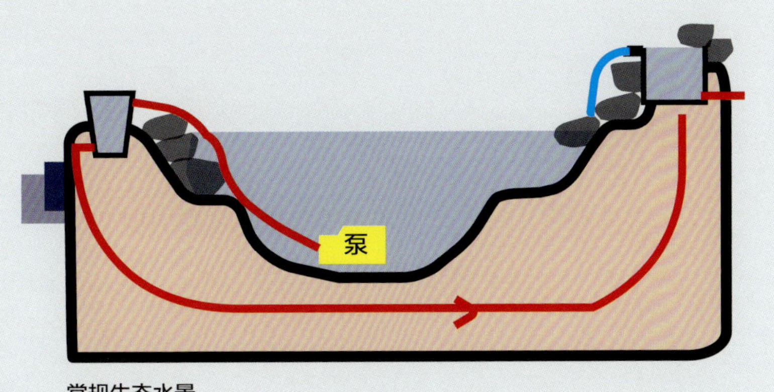

常规生态水景

（2）无塘面水景

无塘面水景在运行状态下没有蓄水，主要体现跌水瀑布的景观效果。建造时用格栅板做承重结构，上面满铺砾石，起到物理过滤的作用。在格栅板内设置水泵，将水导入跌水口，以瀑布形态流出。

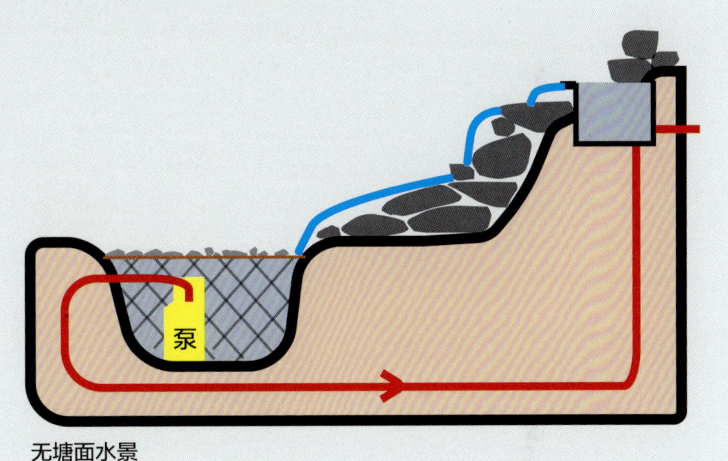

无塘面水景

（3）DIY 水景

适合喜欢 DIY 的业主，在水体不大的情况下，可以选择右图这种形式。物理过滤和生态过滤均在过滤箱内完成，定期将污水排出即可。它的缺点是过滤箱比较大，不好隐藏，往往需要在过滤箱内种植水生植物。

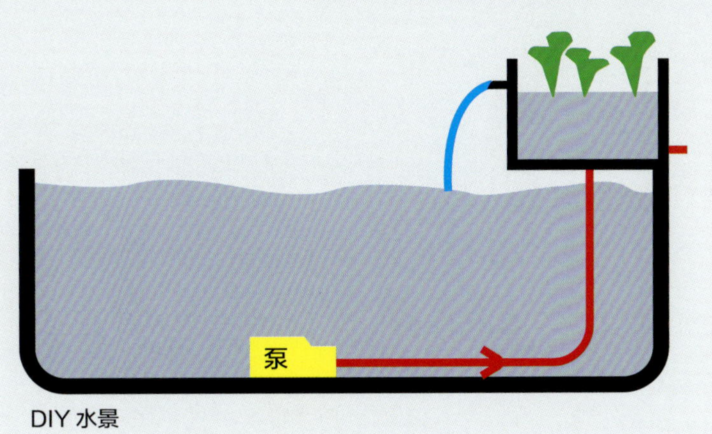

DIY 水景

生态水景施工步骤

1. 前期规划

鱼池施工前期需要确定以下几点：

①面积、方位：因具体情况而定，每户要求不同。

②鱼池深度：生态鱼池呈阶梯状开挖，应提前规划好浅水区、深水区，一般深度在 1 ~ 1.5 m 之间。

③鱼池形状：有方形、圆形、元宝形、肾形等。

④过滤形式：过滤设备品牌有很多，此处以沼泽过滤箱为例。

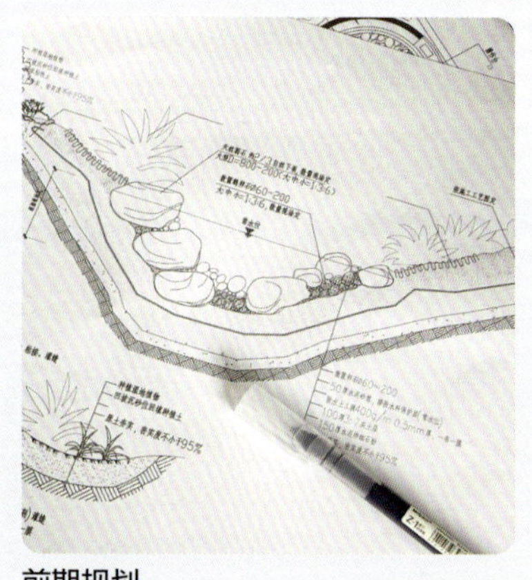
前期规划

2. 定线开挖

尽量呈阶梯状分层开挖，形成明显的深浅区域，为每一层的土立面留些小的倾斜角度，方便后期摆放石块。阶梯状既方便摆放石块，又有利于不同水生植物的生长，使水面更具层次感。

挖好后要注意将水池四周找平。

定线开挖

3. 确定设备高度

确定过滤箱和水泵箱的位置、高度，以及水面的最低水位和最高水位，低于最低水位时会补水，高于最高水位时会溢水。过滤箱进水口在这两个高度之间，保证水面污物也可以进入过滤箱，然后挖出相应的基坑，确保过滤箱呈水平状态。

确定设备高度

4. 布置基层

鱼池内部平整夯实，呈阶梯状挖好后，按照土工布—防渗膜—土工布的顺序铺设。

第一层铺土工布，注意要足够厚，这样能够更好地保护后面铺的防渗膜，采用 400 g/m^2 的规格即可。

第二层铺防渗膜，注意要松一些，给石头自然下沉预留一定的弹性空间。

第三层铺土工布，均匀摊铺，同样注意留出一定的弹性空间。

铺防渗膜

5. 连接设备

进出水口同时也是循环过滤设备，要摆放并隐藏好石头，以提升美观度，尽量接近自然。

沿着水池边缘摆放石头，选择不带尖角的圆滑鹅卵石，以防对防渗膜造成损坏。

摆放石头

6. 试水种植

在放水试验成功、设备安装正确的情况下，通电后水池即可自动补水，到达设定高度后停止补水。

检查过滤系统能否正常运转，静置一段时间后，检查水位是否有明显下降。

种植水生植物，在遮盖净化设备的同时，还可以美化水池景观。

试水种植

污物循环和净水循环

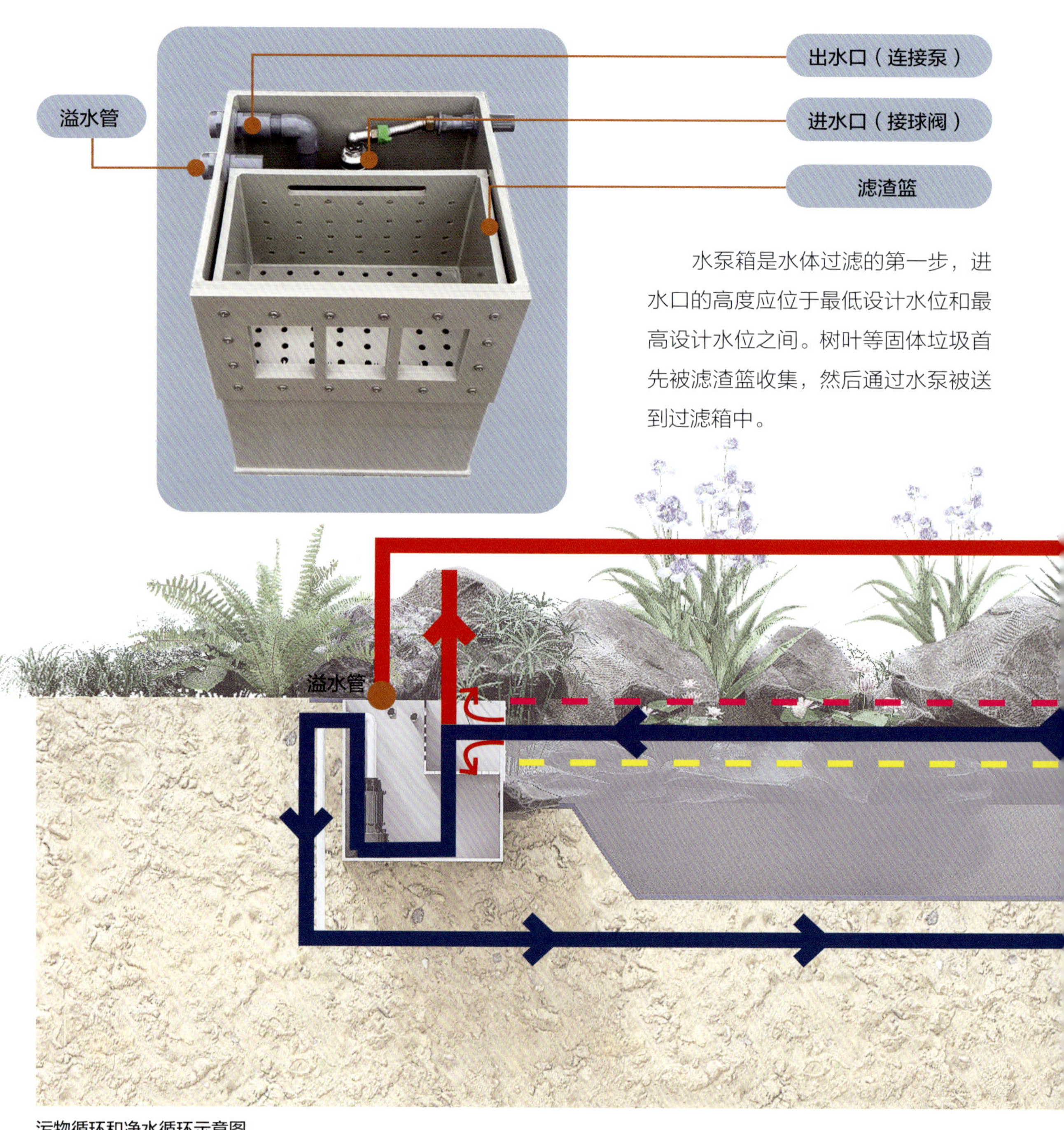

水泵箱是水体过滤的第一步，进水口的高度应位于最低设计水位和最高设计水位之间。树叶等固体垃圾首先被滤渣篮收集，然后通过水泵被送到过滤箱中。

污物循环和净水循环示意图

最高水位

最低水位

过滤箱是水体的生态过滤部分，水体在过滤箱内经过细菌屋然后排入池内。有些生态水景会利用高差营造瀑布跌水的形态，这一过程也能给水体爆氧，提高水质。

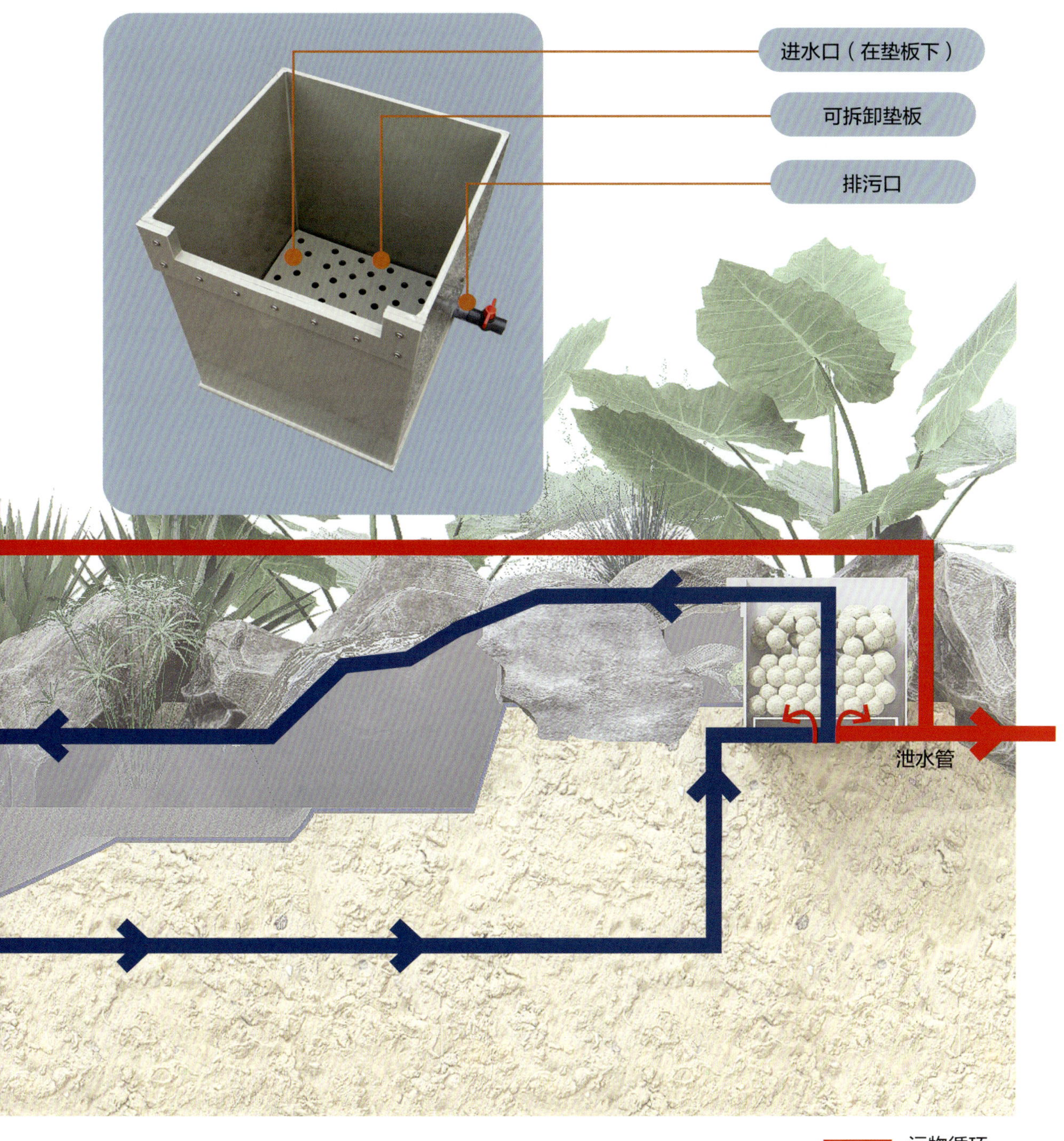

▶ 鱼池构造剖视图

鱼池构造剖视图

波纹管
景观石
过滤箱
净水管
垫块
滤材

▶ 生态水景构造剖视图

生态水景构造剖视图

小专栏 生态水景驳岸的布置方式

景石种植池驳岸

自然放坡驳岸

河砂驳岸

自然造景驳岸（一）

自然造景驳岸（二）

景石驳岸（一）

景石驳岸（二）

景石驳岸（三）

3.3 装饰水景

▶ 镜面水景

1. 镜面水景的介绍

镜面水景，也被称为静水面，顾名思义就是像镜面一样的水景，能把周围的景物倒映上去。

镜面水景将物境、情境、意境融为一体，配合建筑、雕塑、植物、灯光等，将万物映于水面上，赋予庭院一种灵气，能够营造出宁静的氛围，带来更多的空间感。镜面水景在极简主义景观设计中较为常见。

镜面水景

小专栏 万能支撑器是什么?

镜面水景的镜面效果是通过万能支撑器来实现的，石材上方的镜面水景深度宜在50 ~ 100 mm之间。在石材之间预留3 ~ 5 mm宽的出水缝隙，通过缝隙均匀地循环出水，达到镜面水景的效果。

万能支撑器

2. 镜面水景剖视图及实景

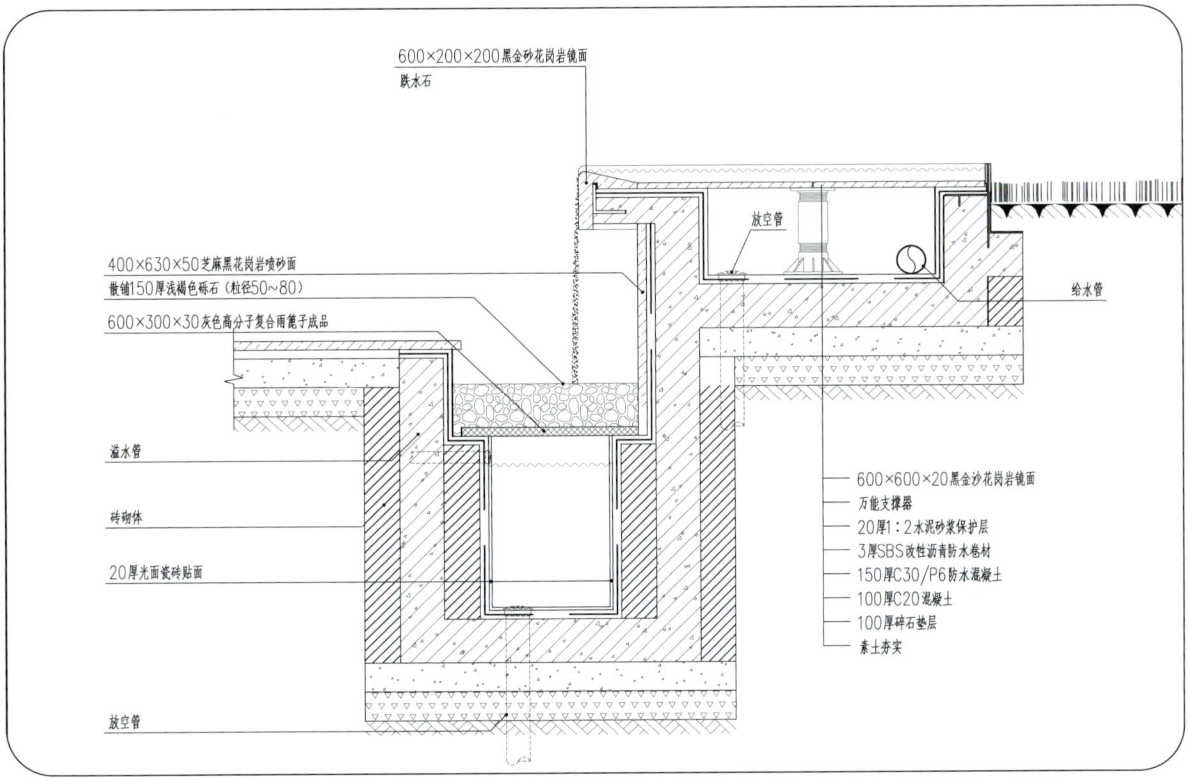

600×200×200黑金砂花岗岩镜面
跌水石
放空管
400×630×50芝麻黑花岗岩喷砂面
散铺150厚浅褐色砾石（粒径50~80）
600×300×30灰色高分子复合雨篦子成品
给水管
溢水管
砖砌体
20厚光面瓷砖贴面
放空管
600×600×20黑金沙花岗岩镜面
万能支撑器
20厚1：2水泥砂浆保护层
3厚SBS改性沥青防水卷材
150厚C30/P6防水混凝土
100厚C20混凝土
100厚碎石垫层
素土夯实

镜面水景剖视图

无边框镜面水景（一）

无边框镜面水景（二）

3. 镜面水景构造剖视图

镜面水景构造剖视图

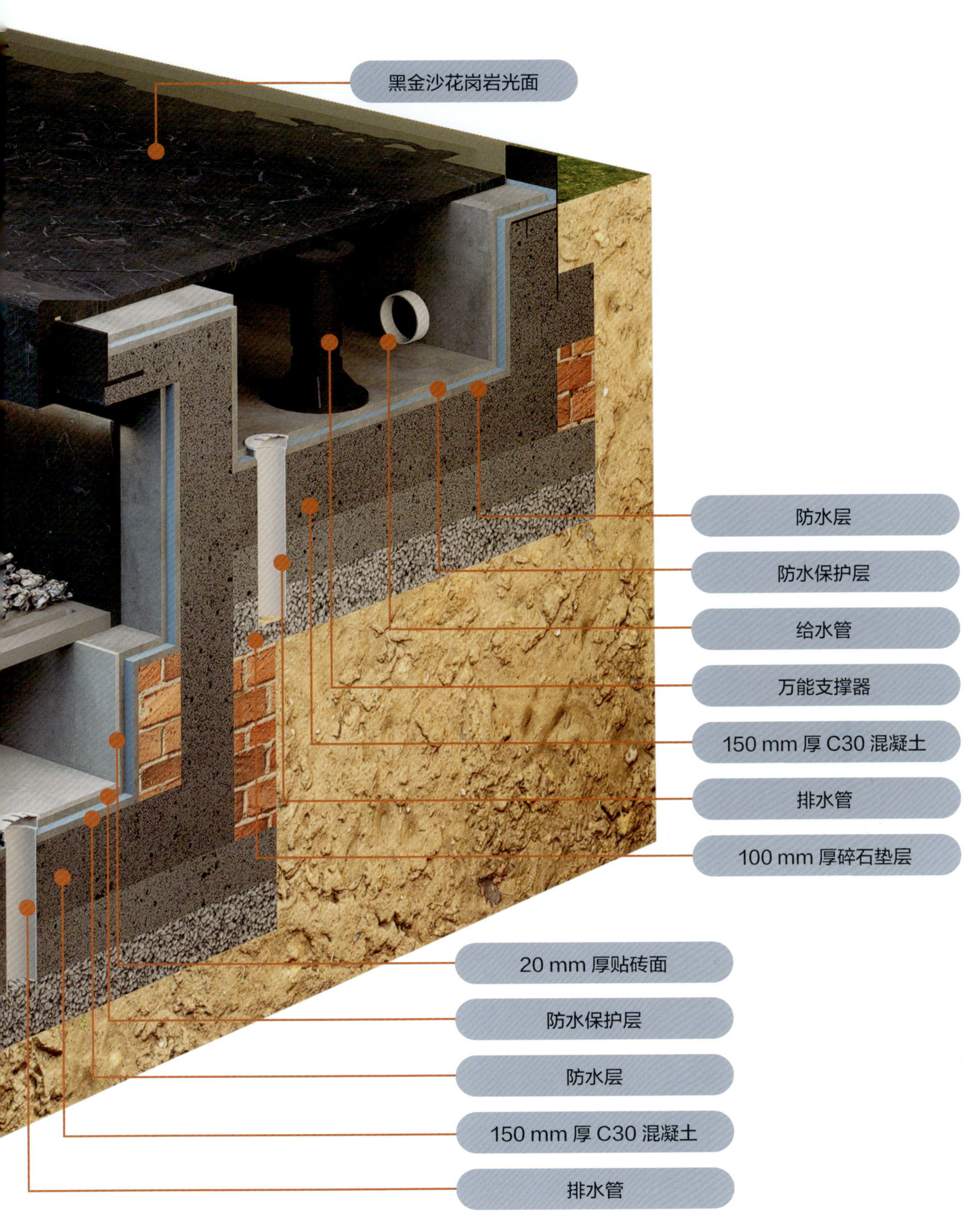
黑金沙花岗岩光面
防水层
防水保护层
给水管
万能支撑器
150 mm 厚 C30 混凝土
排水管
100 mm 厚碎石垫层
20 mm 厚贴砖面
防水保护层
防水层
150 mm 厚 C30 混凝土
排水管

蹲踞

蹲踞是日式庭院中常见的一种景观小品，是对净手、漱口用的器皿的称呼，是茶道等正式仪式前洗手、静心用的道具。

蹲踞通常由石材制作，摆放有小竹勺和顶部提供水源的竹制水渠。

蹲踞实景

1. 蹲踞的构成元素

蹲踞由前石、手烛石、汤桶石、“海”、水钵等一组石头组成。水钵前侧的前石供人蹲踞，手烛石为夜间举行茶会时放置蜡烛或手提灯笼照明所用。汤桶石则为冬天茶会放置热水桶所用。“海”是用砂石和小石头铺就的地面，用来接从水钵中溢出的水，以及洗手、漱口用过的水，可避免水花四溅。

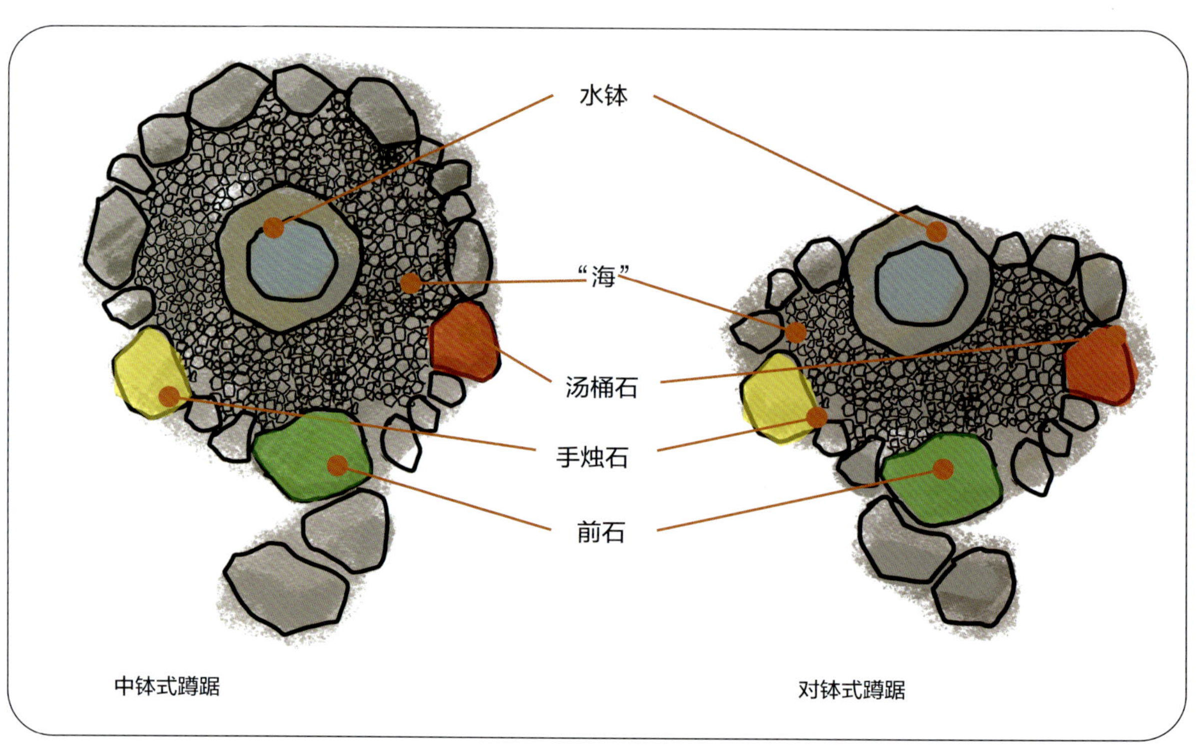

2. 蹲踞的样式

蹲踞通常由石材制作，形似一个大石盆，也有铜制和木制等不同材料制作的。造型多样，比如莲座款、自然款、铜钱款等。

莲座款

自然款

铜钱款

3. 蹲踞的做法

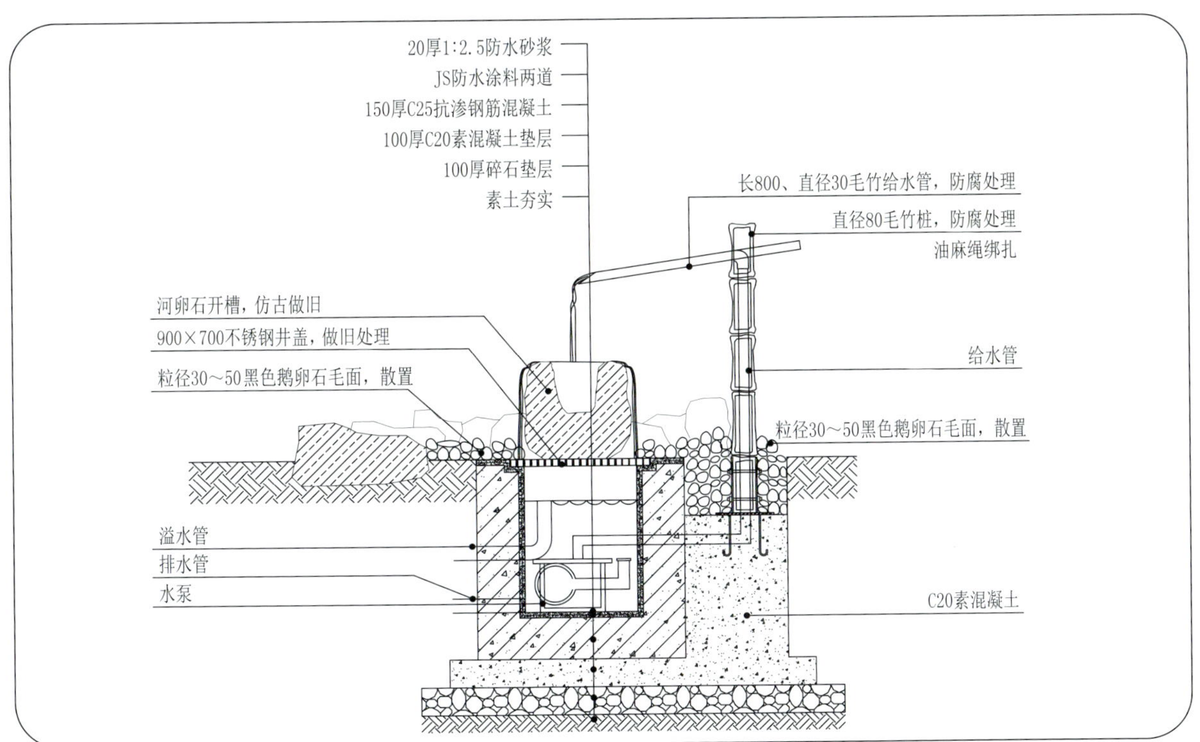

蹲踞的做法

4. 传统蹲踞构造剖视图

传统蹲踞构造剖视图

5. 简易蹲踞构造剖视图

简易蹲踞的优缺点

简易蹲踞用成品铁盆替代浇筑水池，省去了大量的施工时间，操作简单，造价也较低。但浇筑水池有完善的给水排水管道，这是成品铁盆无法替代的。

简易蹲踞构造剖视图

▶ 水钵

1. 简易循环水钵构造剖视图

简易循环水钵的工作原理

与小型装饰水景的工作原理基本相同，大原则是保证喷泉溢水回流到隐藏的容器内，再通过水泵流出。

景石涌泉水景、玄武岩涌泉水景等都是类似的工作原理。做好隐蔽工程即可达到自然天成的效果。

简易循环水钵构造剖视图　　景石涌泉水景　　玄武岩涌泉水景

2. 自循环水钵构造剖视图

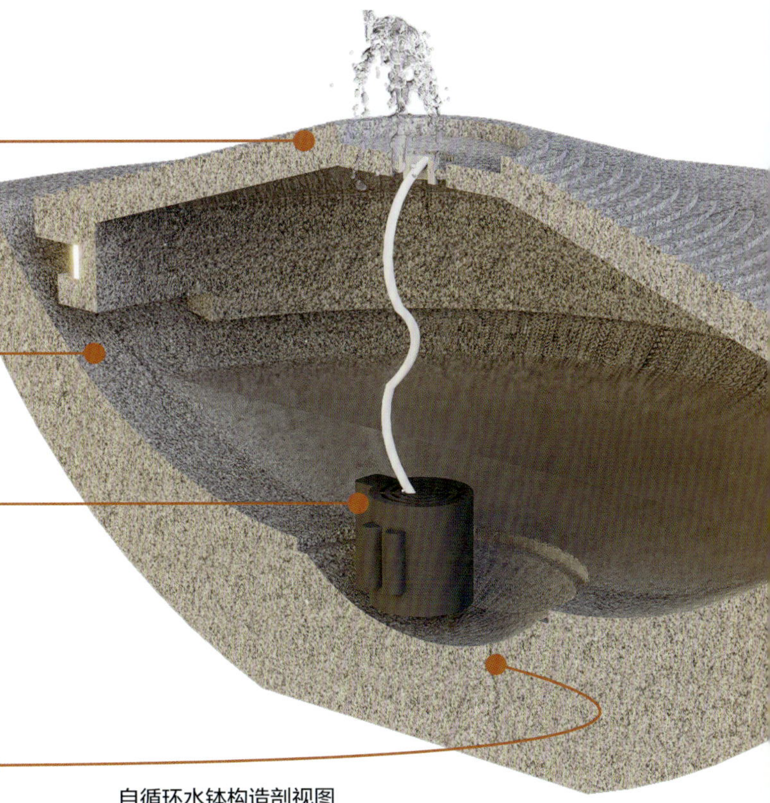

自循环水钵的优点和适用场景

自循环水钵在实现水景效果的同时，还能保证水体不外溢，安装方便，性价比高。适合小面积改造的景观空间，不需要单独铺设给水排水管道，只需要预留电源插座即可。

自循环水钵构造剖视图

灰水泥水钵

石材水钵

4

庭院围墙

PART 4

4.1 实体围墙
4.2 透光围墙

4.1 实体围墙

▶ 实体围墙的材质选择和设计要素

实体围墙是庭院设计中常见的围墙类型，通常由坚固的材料构成，能够有效地与外界隔离，防止窥视、噪声干扰以及外部威胁。

1. 实体围墙的材质选择

砖砌围墙： 通过砌筑方式构建而成，结构坚固，耐久性好，性价比较高；饰面材料丰富，比如仿石漆、石材、人造石等，运用广泛。

混凝土围墙： 混凝土围墙具有极佳的抗压性和耐久性，能够抵御自然环境的侵蚀，可以预制或现场浇筑，表面可进行装饰处理，比如喷涂、贴砖等，适合不同风格的庭院。

砖石围墙： 砖石围墙自带古典或自然感，常用于传统风格或乡村风格的庭院，通常厚重且坚固，隔离功能强大，适用于对私密性要求较高的庭院。

2. 实体围墙的设计要素

外观设计： 实体围墙以实用性为主，但其设计仍可多样化。混凝土围墙或砖石围墙的表面可以通过喷涂、雕刻或贴饰进行装饰，营造独特的艺术感；现代钢板或铝合金围墙可以设计得更简洁，彰显现代极简感。

绿化融合： 实体围墙不一定是完全封闭的，可以在设计中加入一些绿化元素，比如藤蔓植物、爬墙植物等，增加自然氛围，与周围环境更好地融合。

颜色和纹理： 实体围墙的颜色和纹理设计可根据庭院的整体风格来调整。传统的砖石围墙可以选择红砖或灰色系砖，而现代混凝土墙面则可以选择简洁的灰色、白色甚至深色系，增强现代感。

混凝土实墙

干垒石墙

砖砌实墙（一）

砖砌实墙（二）

▶ 砖砌实墙构造剖视图

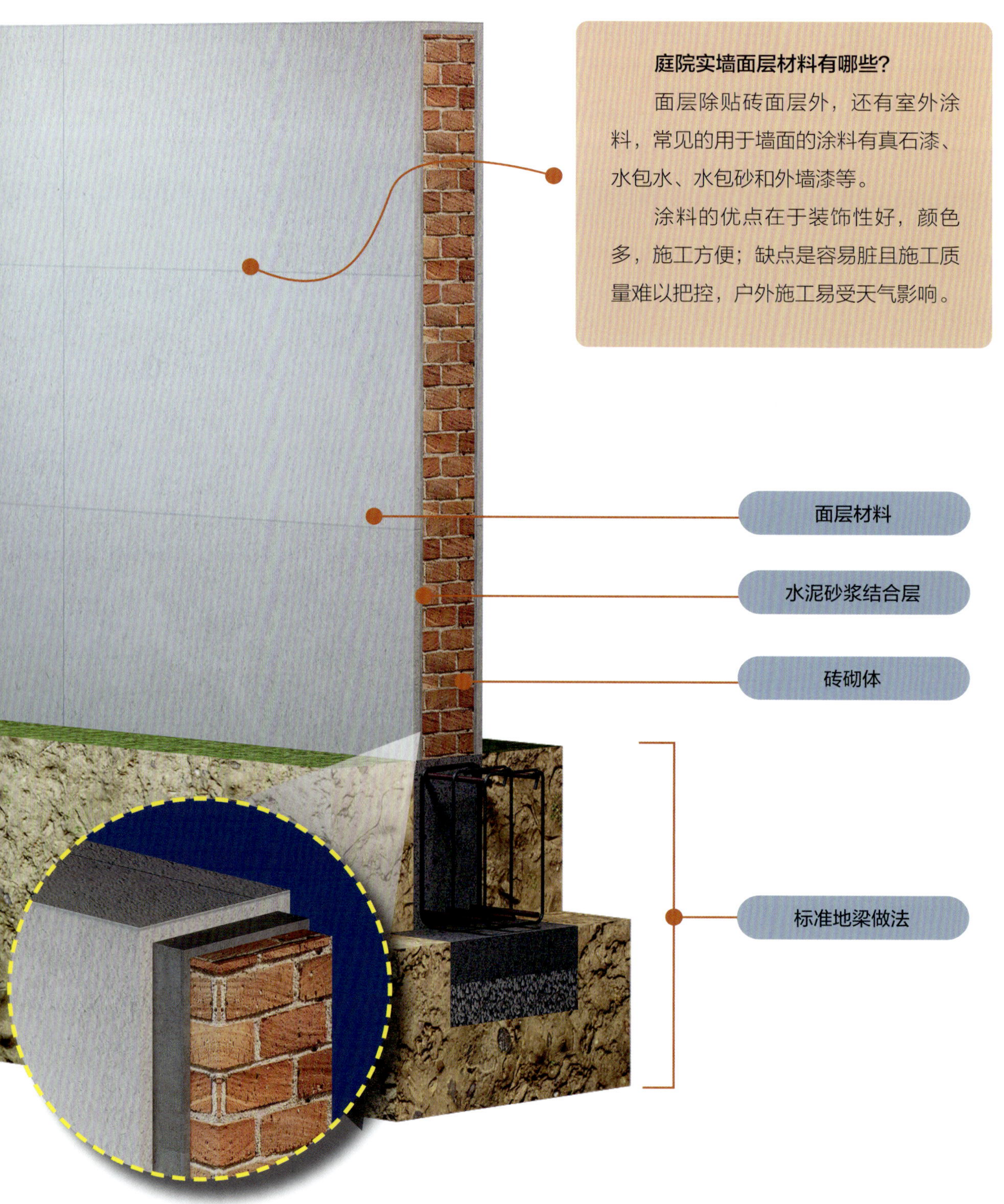

庭院实墙面层材料有哪些?

面层除贴砖面层外，还有室外涂料，常见的用于墙面的涂料有真石漆、水包水、水包砂和外墙漆等。

涂料的优点在于装饰性好，颜色多，施工方便；缺点是容易脏且施工质量难以把控，户外施工易受天气影响。

砖砌实墙构造剖视图

小专栏 砖砌墙体的形式

6 cm 厚墙体（32 块 /m²）

12 cm 厚墙体（64 块 /m²）

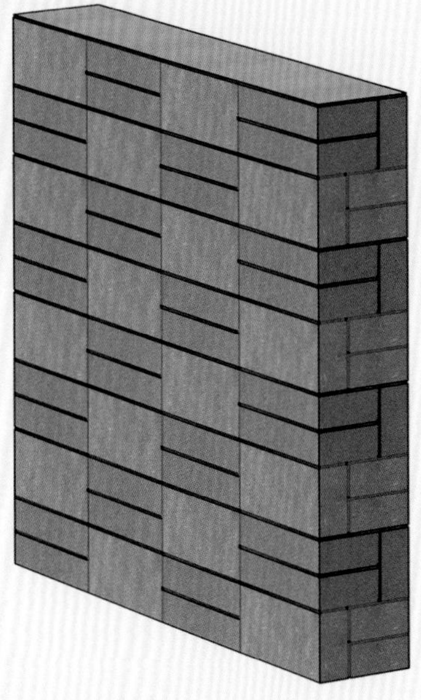

18 cm 厚墙体（96 块 /m²）

24 cm 厚墙体（128 块 /m²）

室外涂料简介

1. 仿石漆

仿石漆系列产品众多，主要有真石漆、水包水、水包砂三大类别。真石漆由天然石粉配制而成，可形成类似于大理石、花岗岩的效果。水包水和水包砂都是真石漆的升级产品。

(1) 真石漆

真石漆为毛面，表面有颗粒感，以纯色为主，或掺杂芝麻大小的颗粒。优点是整体性好，颜色一致性强；缺点是缺少花岗岩的自然纹路，容易藏污纳垢，太阳暴晒之后容易发黄，在温差较大的地区容易开裂。

真石漆

(2) 水包水

水包水表面质感光滑，颗粒较大，具有仿大理石和花岗岩石材的效果，外观与天然花岗岩十分相似，耐热，耐寒，耐酸雨，防水，防霉，自洁性好且使用寿命长，抗逆性优于真石漆。

水包水

(3) 水包砂

水包砂为荔枝面，俗称火烧面，表面有颗粒感，具有仿大理石和花岗岩石材的效果，是真石漆和水包水的结合体。拥有石材的纹理和触感，仿石材质感优于水包水。

水包砂

水包水和水包砂是真石漆的升级版外墙涂料，克服了真石漆用量大、颜色丰富度低、易脱落等缺点，并且两者的表面都覆有膜，清洁维护更加方便。

2. 微水泥

微水泥是一种高品质的涂层材料，由水泥、树脂、矿物颜料等精细原料组成，具有耐磨损、抗污、防霉、易清洁等特点，适用于墙面、地面等各种硬质表面。与普通涂料相比，微水泥更加细腻、柔软，纹理和质感也更具艺术性。缺点是价格稍高，对施工要求高。

微水泥

3. 陶彩砂

陶彩砂是一种新型墙面装饰材料，美观、耐候、抗裂、防水、抗污，具有陶瓷般的质感和色彩层次感，适用于内外墙装饰。色泽鲜明，施工容易，且环保。室外用的陶晶石耐候性更强，使用寿命可达 25 年之久。

陶彩砂

4. 水洗石

水洗石是选用天然河、海卵石或砾石，与水泥按一定的比例拌合，涂抹在基层上，用负重工具压平，再将表面黏合物处理干净，露出石子原貌的一种装饰做法。水洗石可以做成各种形状和图案，被广泛应用于室内装饰和室外景观造型中，能营造出自然纯朴的氛围。

水洗石

清水混凝土墙

1. 清水混凝土墙构造剖视图

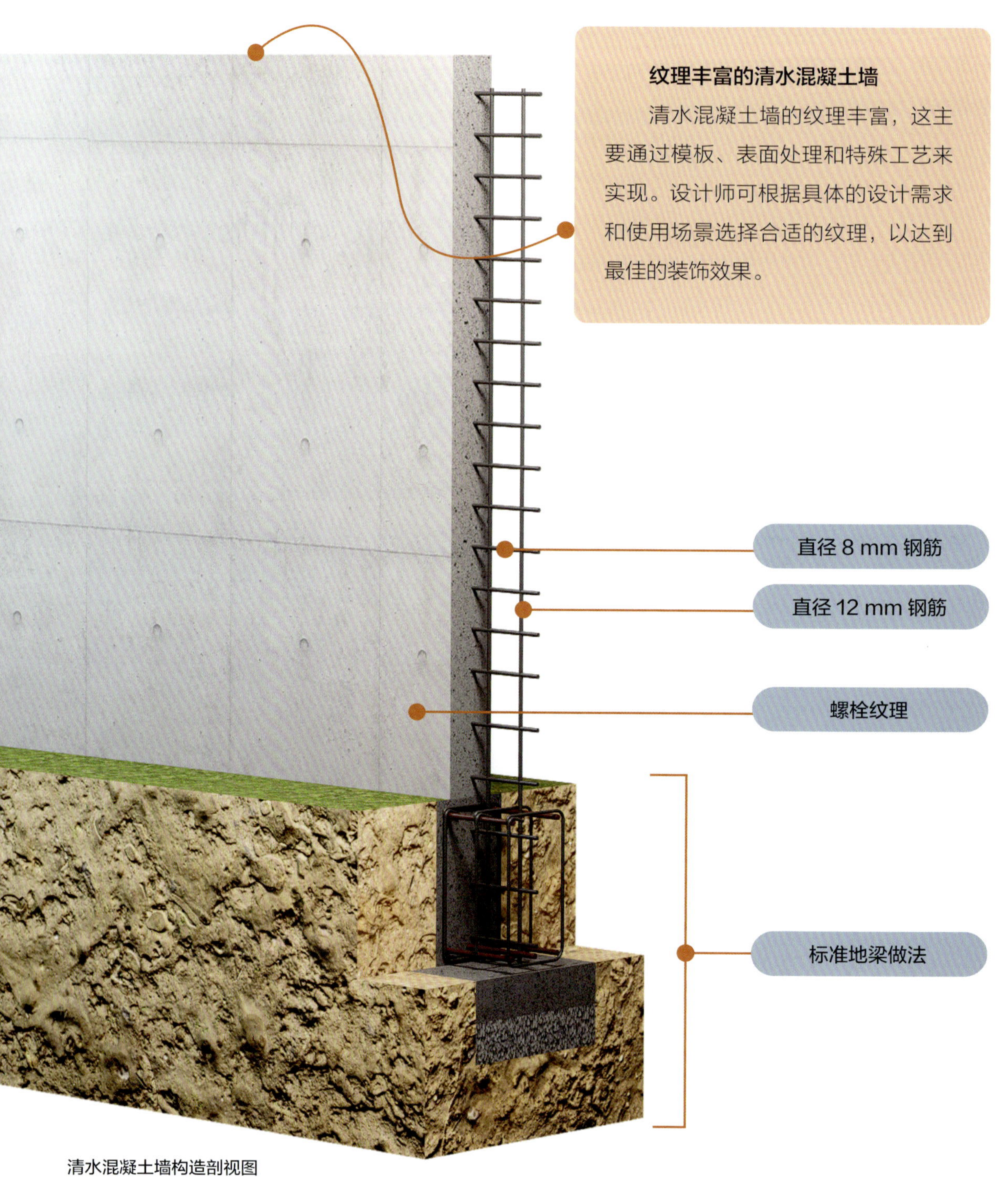

清水混凝土墙构造剖视图

2. 清水混凝土的常见纹理

清水混凝土以独特的纹理和质感，为墙面增添自然之美，常见的纹理包括木纹、竹纹、螺栓纹、草编纹以及普通光面。

木纹肌理

竹纹肌理

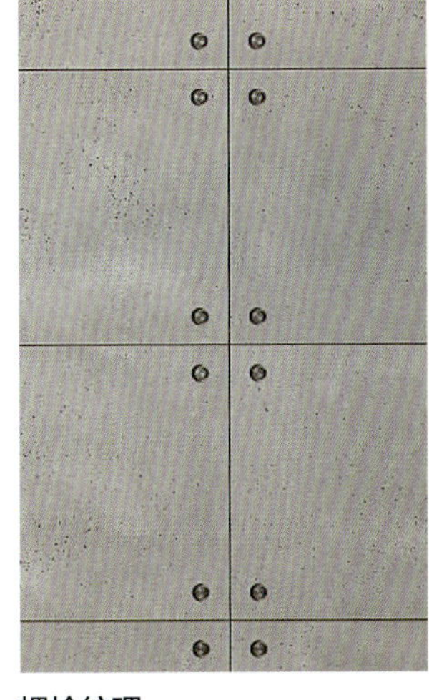
螺栓纹理

原混凝土肌理

小专栏　如何防止实体墙产生雨痕？

◎做导水槽

围墙顶面在施工过程中做导水槽，下雨时，雨水沿着顶部导水槽导流到地面。这种做法可以保证围墙材料统一，不用后期加装。

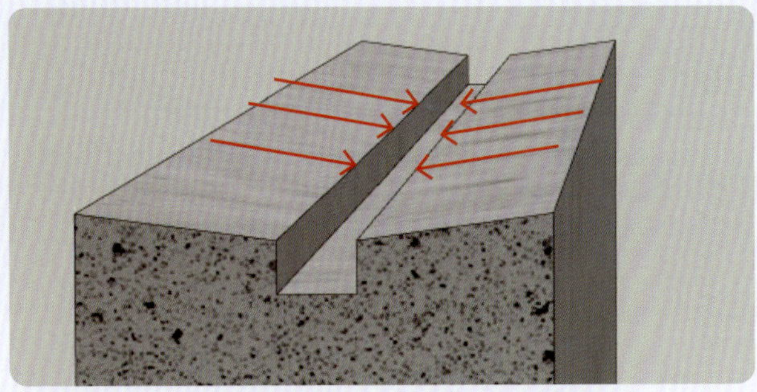
导水槽

◎加装滴水线

若前期施工未做导水槽，则可以加装滴水线。可与围墙压顶结合，材质可选择铝合金、天然石材等。

加装滴水线

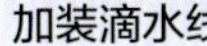

防水痕石材压顶

干垒石墙构造剖视图

干垒石墙的原材料

干垒石墙的原材料主要包括毛石、料石、片石和河石等自然石材，这些材料古朴自然，耐久性强。

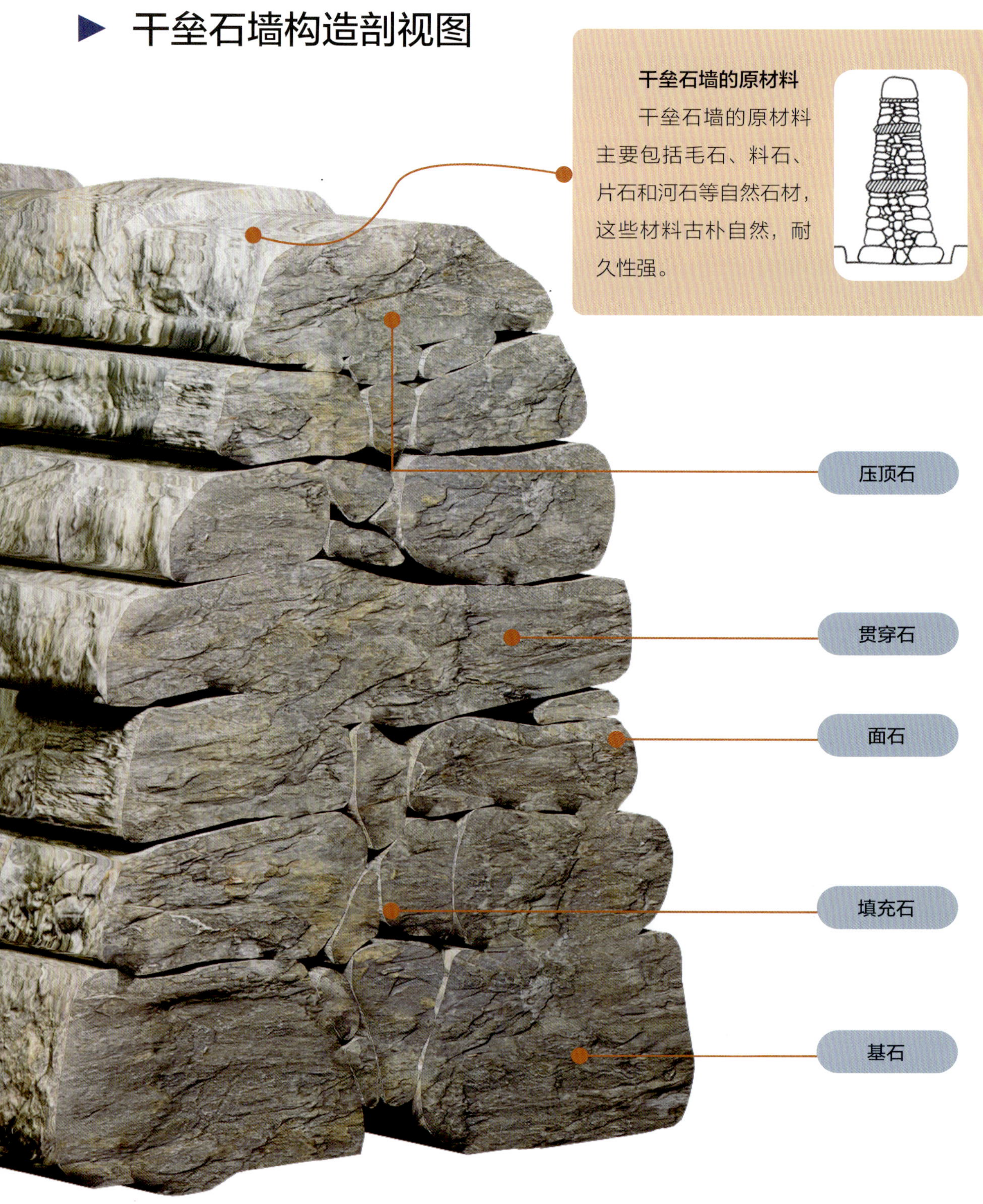

干垒石墙构造剖视图

干垒石墙断面

干垒石墙顶面

小专栏 拢石成景——石笼景墙

石笼即装满石块或普通土料的金属笼子或箱子，常被用作挡土墙、景墙等。其主要材料是钢网，通常采用镀锌或PVC涂层的低碳钢丝，具有耐腐蚀性和高韧性，能够承受极端天气条件。此外，石笼内部的填充物通常为坚硬的块石或鹅卵石，这些材料不易磨损，能够提供良好的支撑，稳定性强。

石笼的缺点是需占用比较大的空间，不适合小尺度的庭院景观。

石笼墙

4.2 透光围墙

▶ 透光围墙的材质选择和应用场景

透光围墙既能提供隔离和隐私保护，又具有视觉通透效果，常用于需要一定遮挡又不想完全隔断外界视野的庭院或建筑。透光围墙的材料兼顾了美观、实用和光线流通。

1. 材质选择

塑木围墙： 由木纤维和高分子塑料混合而成的复合材料，兼具木材的自然美感和塑料的耐用性，适用于庭院围墙、栅栏等。

防腐木围墙： 即使用经过防腐处理的木材制作而成的围栏，具备较强的防腐性、防蛀性和耐候性。

铝艺和铁艺围墙： 采用铝合金或铁材质的金属材料，通过焊接、铸造、雕刻等工艺加工而成。铝艺比铁艺更轻便，防腐性能更好。两者都非常适合打造极具装饰性的围墙。

镂空砖围墙： 镂空砖是将混凝土浇筑形成镂空的结构，既能提供所需的保护功能，又具有透光和装饰效果。

2. 应用场景

现代风格： 透光围墙常用于现代风格、极简风格的庭院，能够突显简洁、时尚的设计感。

艺术装饰： 透光围墙的设计可以带有艺术性，玻璃砖、透光混凝土等材料都可通过不同的纹理和光影效果，创造出独特的视觉体验。

夜间效果： 透光围墙通常会与庭院照明系统相结合，透光材料会发出柔和的光，能增添浪漫、温馨的氛围。

塑木围墙

防腐木围墙

铝艺围墙（一）

铝艺围墙（二）

塑木围栏

1. 塑木围栏构造剖视图

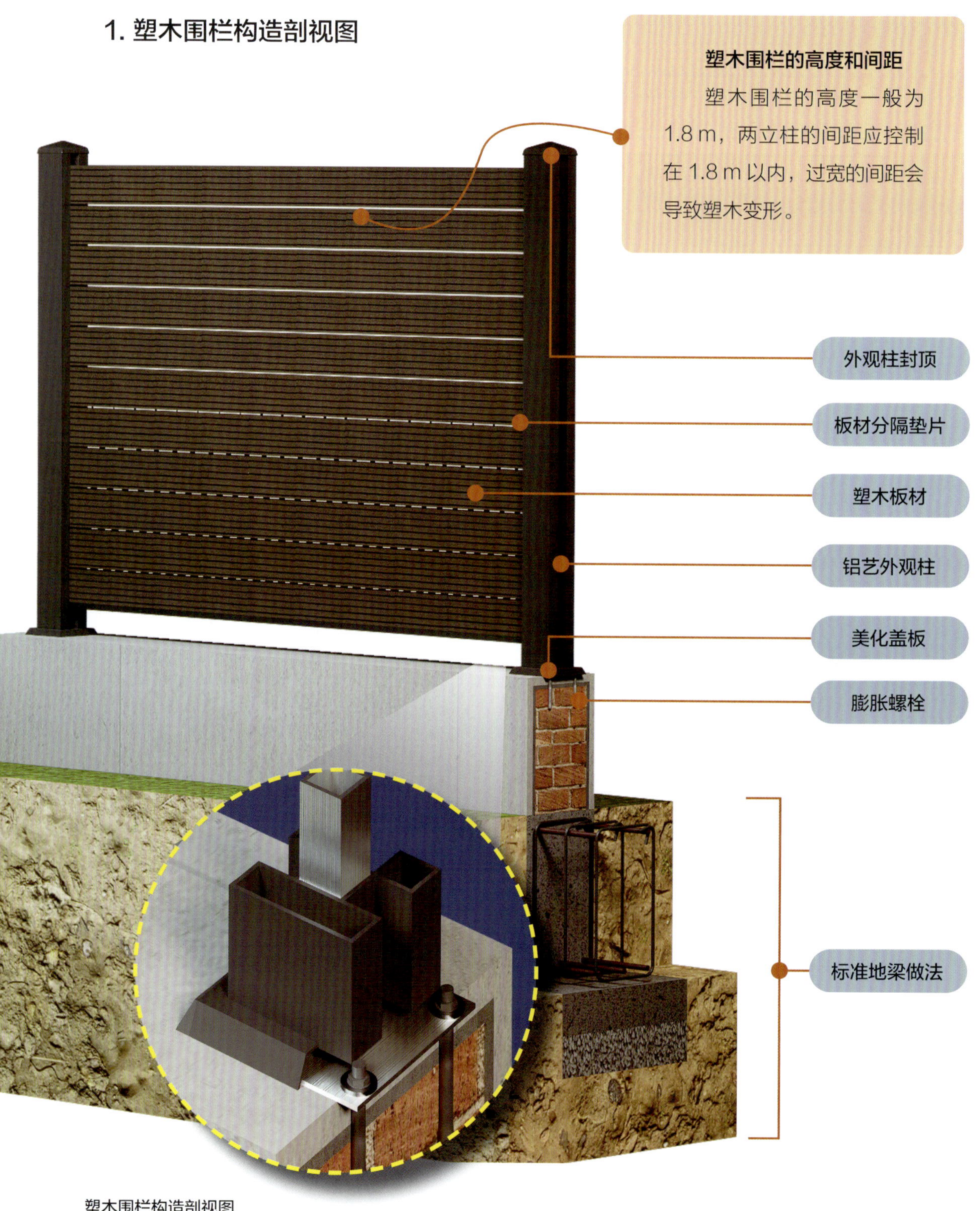

塑木围栏构造剖视图

2. 塑木围栏的安装步骤

塑木围栏的安装步骤如下：

用膨胀螺栓固定核心筒

安装外观柱

沿卡槽安装塑木板材

安装分隔垫片

加盖封边条和柱帽

3. 塑木围栏的款式

目前，市面上塑木围栏的款式主要有三种：全密封款、半密封款和全间隔款。

全密封款　　半密封款　　全间隔款

铝艺围栏

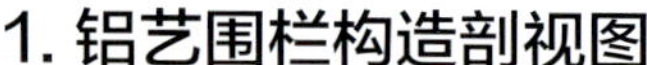

1. 铝艺围栏构造剖视图

铝艺围栏和铁艺围栏的区别

铝艺围栏：铝材本身不易生锈，特别是在户外使用时，抗腐蚀能力强，能够长时间保持较好的外观，维护成本低。

铁艺围栏：铁艺产品在户外使用时容易生锈，若没有做好防锈处理和定期维护，很容易被腐蚀。其初始造价较低，但长期维护成本较高。

铝艺围栏构造剖视图

2. 铝艺围栏的安装步骤

铝艺围栏的安装步骤包括以下几个关键环节：测量柱点、开孔固定、安装筒柱和安装围栏。

测量柱点　　开孔固定　　安装筒柱　　安装围栏

3. 铝艺围栏的款式

铝艺围栏的款式多种多样，可根据不同的庭院风格、业主喜好和使用需求来进行选择。以下是一些常见的铝艺围栏款式。

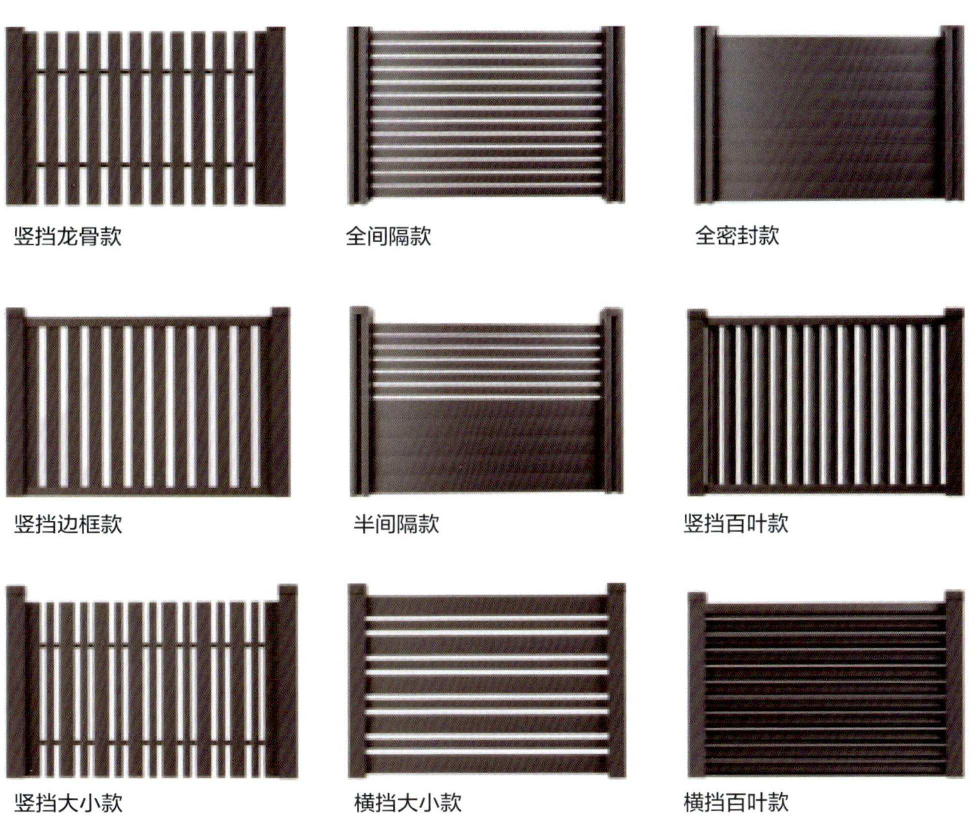

竖挡龙骨款　　全间隔款　　全密封款

竖挡边框款　　半间隔款　　竖挡百叶款

竖挡大小款　　横挡大小款　　横挡百叶款

▶ 长城板围栏

1. 长城板围栏构造剖视图

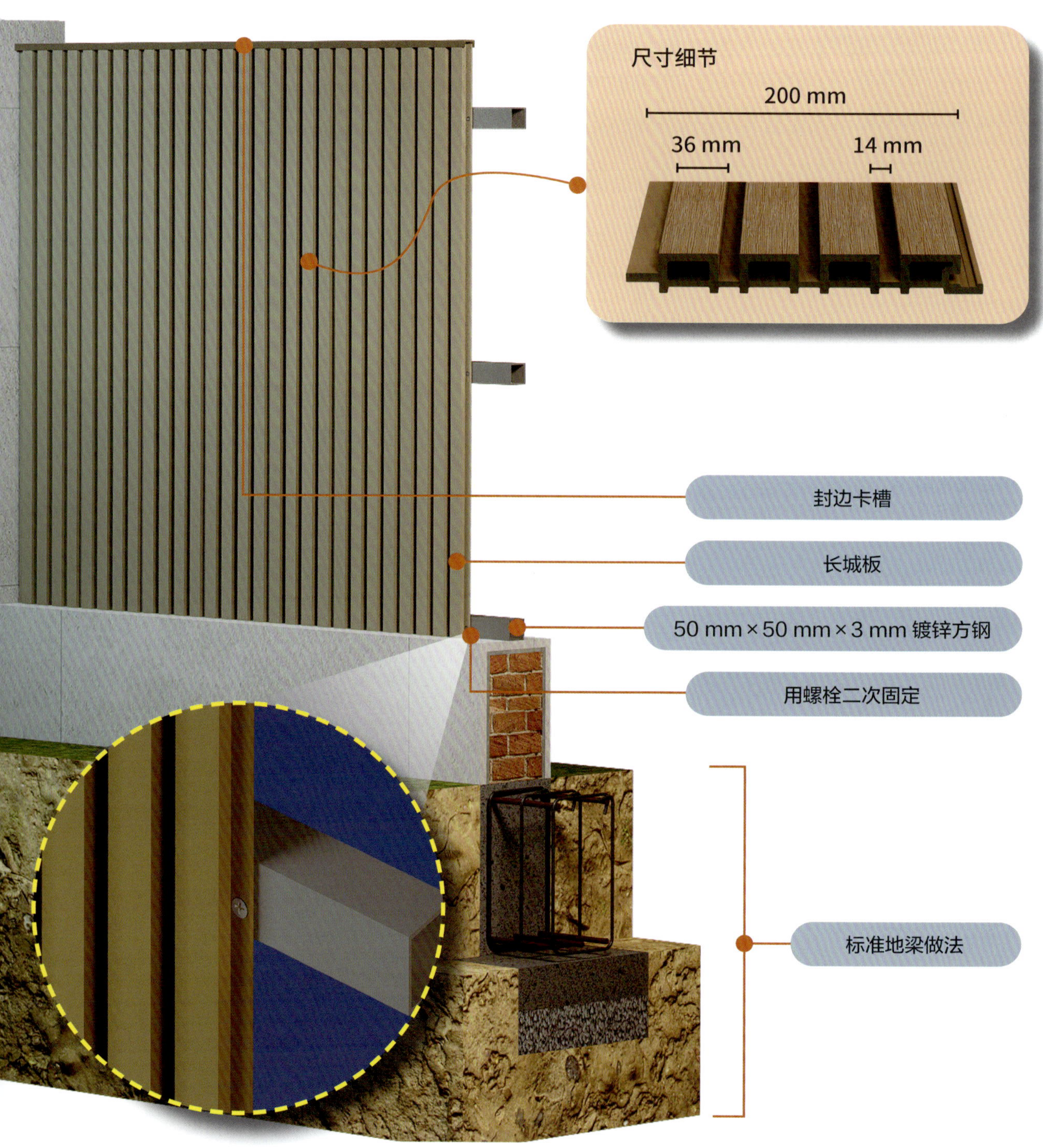

长城板围栏构造剖视图

2. 长城板的介绍

长城板因横截面像长城而得名，是一种内部带有凹槽、两边带有卡槽的墙面装饰板材，有着天然木材质感和木质纹理。其本质是塑木板材，通常宽度为 20 cm，长度可达 4 m，适用于现代风格的庭院。

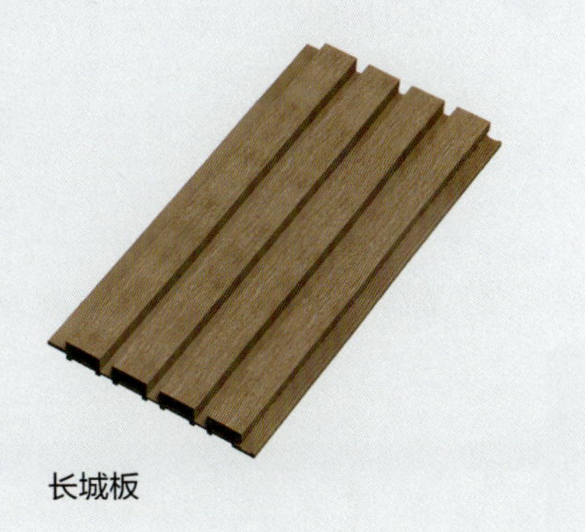
长城板

长城板围栏（一）

长城板围栏（二）

防腐木围栏构造剖视图

仿竹围栏是什么？

仿竹围栏是一种模拟自然竹子外观和质感的人造护栏，材料采用不锈钢、铝合金、PVC 等，维护相对简单，只需定期除尘、除锈和避免表面划伤。

防腐木围栏构造剖视图

▶ 镂空砖围栏构造剖视图

水泥镂空砖的款式和安装

室外镂空砖的款式众多，建议选择双面砖，规格为 200 mm × 200 mm × 100 mm。材质选择水泥浇筑款，PU 款建议用于室内。

一般使用室外胶来安装水泥砖，若景墙较高的话，则可以在水泥砖空隙内植入钢筋，以增加景墙的整体强度。

镂空砖围栏构造剖视图

后记

AFTERWORD

本书的完成要感谢读者朋友一直以来的支持。从一个施工工艺做法说明到一本结构完整的工具类图书，是读者的认可让我有动力完成整本书的写作。

感谢水沐造园授权使用部分案例图片，让图书内容更丰富。

感谢董杰先生对本书内容给予的技术支持，让图书更加实用、可操作。

书中难免会有疏漏之处，恳请读者批评指正。

我将在自己的自媒体账号上持续更新庭院施工的新做法，以及庭院植物配置的干货知识，助力每一位庭院爱好者早日打造出自己梦想中的庭院。

赵浩然

2025 年 6 月